可编程序控制器原理与实践

主编 卢学英 李 莹 张海玮

天津大学出版社
TIANJIN UNIVERSITY PRESS

内 容 摘 要

全书共分为 2 篇:课堂理论教学篇和实验室学生实践篇。其中课堂理论教学篇共分为 6 章,介绍了可编程序控制器的产生发展、结构和工作原理、指令系统、编程方法以及控制系统的设计方法及应用等内容。实验室学生实践篇包括 CJ1 系统的构成及系统认识、CX-Programmer 编程软件的应用、MCGS 组态软件的应用、实验内容和课程设计内容等。

本书可作为电气自动化、过程控制技术、机电一体化等专业学生的教材,也可供开发应用 PLC 的工程技术人员参考使用。

图书在版编目(CIP)数据

可编程序控制器原理与实践／卢学英,李莹,张海玮主编. — 天津:天津大学出版社,2016.1(2023.1 重印)
ISBN 978-7-5618-5511-9

Ⅰ.①可… Ⅱ.①卢… ②李… ③张… Ⅲ.①可编程序控制器 – 高等学校 – 教材 Ⅳ.①TP332.3

中国版本图书馆 CIP 数据核字(2016)第 016283 号

出版发行	天津大学出版社	
地　　址	天津市卫津路 92 号天津大学内(邮编:300072)	
电　　话	发行部:022-27403647	
网　　址	www.tjupress.com.cn	
印　　刷	北京盛通商印快线网络科技有限公司	
经　　销	全国各地新华书店	
开　　本	185mm × 260mm	
印　　张	12.75	
字　　数	337 千	
版　　次	2016 年 2 月第 1 版	
印　　次	2023 年 1 月第 5 次	
定　　价	35.00 元	

凡购本书,如有缺页、倒页、脱页等质量问题,烦请与我社发行部门联系调换

版权所有　　侵权必究

前　　言

可编程序控制器(Programmable Logic Controller, PLC)是用于工业控制的专用计算机,集计算机技术、自动控制技术和通信技术于一体,不仅具有逻辑控制功能,还具有算术运算、模拟量处理和通信联网等功能。PLC控制技术在国内已广泛应用于钢铁、石油、化工、电力、建材、机械制造、汽车、纺织、交通运输等工业控制的多个领域,现今,PLC技术与机器人技术、CAD/CAM技术共同构成了工业自动化控制的三大支柱。

日本OMRON(欧姆龙)公司生产的PLC以较好的性价比在国内占有较大的市场份额,而且其产品更新换代快、功能强、应用范围广、简单易学。本书以欧姆龙公司生产的产品CJ1系列PLC为对象,介绍了可编程序控制器的产生和发展、基本结构、工作原理、指令系统、编程方法及应用。

本书以作者多年从事可编程序控制器理论教学及实践应用为基础,针对本科教育教学特点,注重理论与实践之间的关系,以教学大纲为主线,基于多年理论教学及课堂实验的经验,经过反复修改与充实,内容通俗易懂、层次分明、繁简适度、图文并茂,易于读者学习并掌握这门实用技术。

全书共分为课堂理论教学和实验室学生实践2篇,授课总学时数为56学时。其中,课堂理论教学篇共分为6章,介绍可编程序控制器的产生和发展、基本结构和工作原理、指令系统、编程方法以及控制系统的设计方法及应用等;实验室学生实践篇包括CJ1系统的构成及系统认识、CX-Programmer编程软件的应用、MCGS组态软件的应用、实验内容和课程设计内容等,实验内容包括指令系统训练、基础实验及应用型实验,由简入深,循序渐进,便于学生在实践中加深对PLC的理解,提高学生的动手能力。

本书由卢学英、李莹、张海玮老师编写。其中,第1篇第1、2、3章由李莹老师执笔,第4、5、6章由张海玮老师执笔,第2篇由卢学英老师执笔。全书由卢学英老师统稿。

由于编者水平有限,时间仓促,故在结构编排、内容设置等各方面难免会有不足、甚至错误之处,请各位老师和同学在使用时多提宝贵意见,以使本教材在再版时更加完善。

编者
2016年1月

目　　录

第 2 篇　实验室学生实践

第1篇
课堂理论教学

第1章 可编程序控制器概述

◆**本章要点**

> 1.可编程序控制器的定义、产生与发展。
> 2.可编程序控制器的特点。
> 3.可编程序控制器的基本类型。

可编程序控制器(Programmable Logic Controller,PLC)是一种专为工业环境下应用而设计开发的数字运算操作系统。它是以微处理器为核心,综合计算机技术、通信网络技术以及自动控制技术而发展起来的新一代工业自动化控制装置。PLC 具有功能性强、可靠性高、环境适应性强、编程简单、使用方便以及体积小、重量轻、功耗低等优点。虽然从诞生、发展至今不过短短四五十年,却给现代工业自动化控制领域带来了巨大的变化,目前 PLC 已被广泛用于工业电气控制和生产过程中,如电力系统、交通运输、化工冶金、机械制造、汽车装配、纺织印刷、食品加工等众多工业领域,它的出现改变了以往传统的工业电气控制方式——继电器–接触器控制方式,极大地提高了工业劳动生产率和自动化程度。不仅如此,可编程序控制器技术也被大量应用到与人们日常生活密切相关的领域中,如道路路口的交通灯、公共场所的自动电梯和扶梯、汽车自动清洗机、街头自动售货机、楼宇智能系统等,这些设备的使用都离不开可编程序控制器的参与,如今,它已成为现代工业自动化控制的重要手段之一。

本章首先介绍 PLC 的基本知识,包括它的产生、发展和发展趋势等,再对 PLC 的特点及基本类型进行详细论述,使初学者对 PLC 有一个比较直观的印象,为后面的深入学习打下坚实基础。

1.1 可编程序控制器的产生和发展

1.1.1 PLC 的产生

在工业自动化过程中,往往存在大量需要处理的数字量、模拟量等工业控制信号,如电动机的启和停、电磁阀的开和闭、产品的计数、流量和压力的设定以及生产线的顺序执行等。早期,这些生产控制过程是通过工业继电器实现的,人们将继电器、接触器、定时器、按钮开关等元器件以及触点按一定的逻辑关系用导线连接起来组成电气控制电路,实现对各种工业信号的控制,这就是人们熟悉的传统继电器–接触器控制系统。继电器、接触器等元器件在使用时具有结构简单、操作方便、部件动作直观、价格低廉等优点,因而在工业自动控制领域中得到广泛的应用,并且曾经占据主导地位,但是这种控制装置的缺点是体积大、耗电高、动作反应速度慢、通用性和可靠性比较差。同时,由于继电器－接触器控制电路采用固定接线方式,通常只针对某一个固定的动作顺序或生产工艺而设计,故只能按照预先设定好的时间或条件顺序地工作。例如在一个复杂的控制系统中,可能会使用到成百上千个不同类型的继电器或接触器,硬件接线和安装的工作量非常大。一旦生产工艺或加工对象发生改变或急需更新换代,就必须对整个控制系统进行重新设计、安装和调试,改造过程往往费用高、工期长、效率低。随着工业自动化程度的不断提高,机械加工企业所面临的市场竞争更加激烈,产品更新换代的周期日趋缩短,因此生产过程中的各种机械设备、加工规范以及生产流程也必须随之改变,这就需要企业不断地更新生产控制系统的配置和流程,而继电器－接触器控制系统也显现出控制能力弱、可靠性低等缺点,并且设备只能采取固定接线的方式,当控制对象比较多、工艺要求比较复杂时,继电器－接触器控制系统就很难再适应产品不断更新换代的需求,从而迫使人们研制出更新型的自动控制装置来取代落后的继电器－接触器控制系统。

20 世纪 60 年代末期,美国的汽车制造工业发展迅速,竞争非常激烈,各个生产厂家为使汽车在结构和外形上能够不断地改进,品种上也能够不断地增加,需要经常更新其生产制造工艺,这就要求其生产线控制系统随之改变,以便实现对整个生产流水线的重新配置和更新,但当时大多数生产线控制系统普遍采用继电器－接触器控制方式,对汽车型号的每一次改型都会直接导致继电器－接触器控制系统的重新设计和安装。为改变这一现状,人们产生了试图寻找新型工业控制器的想法,期望能在控制生产成本的前提下,尽可能地缩短产品更新换代的周期,满足工业生产需求,使企业在激烈的市场竞争中取胜。为此,美国最大的汽车制造厂商——通用汽车制造公司于 1968 年公开招标,对汽车流水线控制系统进行改进,要求把具有简单易懂、操作方便、价格便宜等优点的继电器－接触器控制技术和具有功能完善、灵活、通用等优点的计算机技术结合起来,组成一种适合于工业环境的通用自动化控制装置。在这一装置中,继电器－接触器控制的硬件接线逻辑转变为计算机的软件编程逻辑,人们可以采用面向控制过程、面向问题的"自然语言"进行编程,这样使得不熟悉计算机的人也能方便地使用。针对这一设想,通用汽车公司提出了新一代控制器应具备的十项指标:

(1)编程简单,可在现场编辑和修改程序;

(2)维护方便,最好采用插入式模块结构;

(3)可靠性高于继电器－接触器控制系统;

(4)体积小于继电器控制柜;

(5)可将数据直接送入管理计算机;

(6)成本可与继电器－接触器控制系统竞争;

(7)输入可以是 115 V 交流电压;

(8)输出可以是 115 V 交流电压,2 A 以上电流,能直接驱动电磁阀;

(9)当系统扩展时原有系统只需作很小的变更;

(10)用户程序存储器容量至少能扩展到 4 KB。

这就是著名的"GM10"条件。

　　这一设想提出后,美国数字设备公司(Digital Equipment Corporation,GEC)首先响应,于 1969 年研制出了世界上第一台可编程序控制器,型号为 PDP - 14,并在通用公司的汽车自动装配线上试用成功,这也是世界上首次将程序化的手段应用于工业电气生产过程中,从此可编程序控制器技术在工业自动控制领域迅速发展起来。1971 年,日本从美国引进了这项新的技术,并很快研制出了日本第一台 PLC,型号为 DCS - 8。1973 年,原西德西门子公司(SIEMENS)研制出了欧洲第一台 PLC,型号为 SIMATIC S4。1974 年,我国开始研制可编程序控制器技术,1977 年开始用于工业生产。

1.1.2　PLC 的发展

　　早期的可编程序控制器是为了替代继电器 - 接触器控制电路而设计、开发的,限于当时电子元器件和计算机的发展水平,这一时期的 PLC 主要是由分立元件和中小规模集成电路组成,只能完成简单的逻辑运算、定时、计数等顺序控制功能,因此人们将它命名为"可编程序逻辑控制器"。直到 20 世纪 70 年代初,世界上出现了通用微处理器,人们将其引入到 PLC 中,并逐步增加了数值运算、数据传送以及通信和故障自诊断等一系列功能,使得这种控制器不再局限于最初的简单逻辑运算能力,而真正成为一种具有计算机特征的工业自动化控制装置。

　　20 世纪 70 年代后期,PLC 进入实用化发展阶段,微型计算机技术被全面引入 PLC 的设计和使用中,其功能也发生了质的飞跃,使得 PLC 具备了运算速度快、体积小、功能强和性价比高等优点,从此奠定了它在现代工业自动控制领域中的核心地位。

　　20 世纪 80 年代至 90 年代中期是 PLC 发展最快的时期,随着大规模集成电路等微电子技术的发展和应用,具有 16 位、32 位微处理器的 PLC 产品在功能上得到了不断地增强和扩展,同时运算速度和可靠性大大提高,编程方式也更加灵活,而产品的体积却逐渐缩小,成本大幅降低。在这一时期,PLC 在处理模拟量信号、数字运算能力、人机接口能力以及网络通信能力上都得到了大幅度提高。

　　自 20 世纪 90 年代末期以来,PLC 的发展更加适应于现代工业生产的需要,这个时期的 PLC 开始逐步向大型机和超小型机的方向发展,诞生了各种各样的特殊功能单元、人机界面单元、通信单元等。这些具备了特殊功能的工业自动控制设备在使用时更加灵活、方便,应用面也更加广泛。如今,PLC 不仅可以完成顺序逻辑控制,而且还可以完成数值运算、数据处理、高速计数、运动控制及通信联网等许多功能;不仅实现了对开关量信号的控制,而且实现了对模拟量信号的闭环控制。

　　如今,随着微处理器技术的不断进步,PLC 的功能已远远超出了逻辑运算、顺序控制的范围,它已经成为真正意义上的可编程序控制器,因而仅仅使用"可编程序逻辑控制器"的称呼已经不能完全概括出其具有的多功能特点。为此,1980 年美国电气制造商协会(National Electrical Manufacturers Association, NEMA)为其定义了一个新的名称——Programmable Controller,简称 PC,但 PC 这一缩写在我国早已成为个人计算机(Personal Computer)的代名词,为了避免两者之间名称术语上的混淆,国内至今仍然沿用早期的名称——PLC 来表示可编程序控制器。

从可编程序控制器的发展历史可知,它的功能经历了一系列的变化,其名称定义也经历了一段演变过程,国际电工委员会(International Electrotechnical Commission,IEC)曾先后于1982 年11 月、1985 年1 月和1987 年2 月发布了可编程序控制器定义标准草案的第一稿、第二稿和第三稿。在第三稿中对PLC 给出了如下定义:"可编程序控制器是一类专为在工业环境下应用而设计的数字运算操作系统,它采用可编程序的存储器,用来在其内部存储和执行逻辑运算、顺序控制、定时、计数和算术运算等操作的指令,并通过数字式或模拟式的输入和输出,控制各种类型的设备或生产过程。可编程序控制器及其相关外部设备,都应按易于与工业控制系统集成和易于扩展其功能的原则进行设计。"

1.1.3 PLC 的发展趋势

PLC 是以计算机技术、自动控制技术和通信技术为基础发展起来的新型工业控制器,作为一门综合技术,它的进步与微电子技术和计算机技术的发展密切相关。随着PLC 应用领域的不断扩大以及工业生产对自动控制系统的需求更具多样性,PLC 技术及其产品结构也在逐步改进,功能上不断拓展,性价比也会越来越高。归结起来,PLC 的发展趋势主要表现在以下几个方面。

1. 小型化、高性能、价格低廉

近些年来,小型PLC 产品在工业中的应用已经十分普遍,但体积小并不意味着用户对PLC 功能的要求会降低,与之相反的是用户对于PLC 功能的要求在逐步提高,这就意味着PLC 产品的集成度必须越来越高。随着微处理器技术以及设计制造水平的不断进步,PLC 整体结构会逐步向小型化、模块化方向发展,产品会更加紧凑,体积更小,但功能却更加完善。如今,各个生产厂家在保证产品功能和系统可靠性的基础上,均努力发展速度快、性价比高的小型和超小型PLC 以适应各种小型控制系统的需求,微型化后的PLC 不仅体积小、速度快、功能强、存储容量大,并且安装和使用也非常方便。同时,以往只有在大中型PLC上才具有的功能在小型机上同样可以实现,如高速计数、脉冲输出、模拟量处理、PID 调节运算等功能。以日本欧姆龙(OMRON)公司所生产的CPM2C 系列PLC 为例,它的整体外形尺寸仅为65 mm(长)×33 mm(宽)×90 mm(高),质量为200 g 以下,完全可以放在手掌上,其实物外观如图1-1 所示。该系列PLC 中最大I/O 点数为32 点,

图1-1 OMRON CPM2C 系列 CPU 单元

经I/O 扩展后控制点数可以达到192 点,支持14 种基本指令以及105 种特殊指令,系统基本指令的执行时间为0.64 μs,特殊指令执行时间仅为7.8 μs。除此之外,CPM2C 系列PLC还可以实现数字量和模拟量控制、高速计数以及温度设定等功能,为了使通用可编程序终端更方便地监控设备运行、进行温度设定,系统内部还标准内置有RS-232C,以实现串行通

信,同时 PLC 内部搭载的脉冲输入/输出功能实现简单定位功能,以上这些性能都充分体现了小型机所具有的体积小、性能高、使用方便等特点。

2. 大型化、高速度、多功能

从 PLC 产品的发展趋势来看,今后 PLC 会进一步向大型化、多功能、技术完善的方向发展。目前,大型 PLC 的 CPU 已经从早期的 8 位、16 位机发展到现如今的 32 位、64 位机,时钟频率已达到几百兆赫,大大提高了 PLC 的运算速度。同时,PLC 产品的应用规模也从几十点增加到上万点,系统功能由单一逻辑运算发展到可以满足用户的各种工业控制需求。许多大型 PLC 系统在使用时还可以采用双 CPU 或多 CPU 系统并配置具有较大存储能力且功能完善的输入/输出接口,通过类型丰富的智能外设接口实现对工业现场温度、流量、压力等信号的实时处理。此外,通过专用的通信模块和网络接口可以与不同类型的 PLC 或计算机系统进行通信连接,组成集成式控制系统,从而实现对大规模工业控制系统的综合网络控制。如欧姆龙公司所生产的 SYSMAC CS1 系列 PLC,其指令系统中除具有 14 条基本指令外,还拥有多达约 400 条的高级指令,每一条基本指令的执行时间为 0.02 μs,专用指令的执行时间为 0.04 μs,且具有很高的 I/O 响应性及数据控制功能,从而可以大幅度缩短系统的处理时间,并以更高精度控制机械设备的移动。此外,CS1 系列 PLC 的 CPU 单元享有多达 5 120 个 I/O 点数、250 K 步的编程容量、448 个数据存储器(包括扩展数据存储器)和 4 096 个定时器/计数器。由于具备了较大的编程容量,CS1 系列 PLC 不仅适用于从小型到大型系统范围之内的所有控制需求,而且可以轻松处理增值应用以及进行其他高级数据处理。此外,CS1 系列产品还包括了存储卡、串行通信板和各种高功能 I/O 单元,可与 CPU 单元配合使用,以便灵活地创建出满足需求的系统。

3. 智能化、分布式、网络化

为了满足各种工业控制系统的需要,人们开发了许多具有特殊功能的专业智能模块,如高速计数模块、温度控制模块、远程 I/O 模块、通信和人机接口模块等,这些内置了 CPU 和存储器的智能模块不仅简化了控制过程的设计和编程,扩展了 PLC 的功能,而且提高了 PLC 的运行速度和效率,使用起来也更加灵活方便。

为了适应产业信息化的发展趋势,近些年来网络化和通信联网功能是 PLC 发展的另一个重要方向。早期,PLC 只是针对工业生产过程中的开关量信号进行逻辑控制,随着 PLC 技术的进步,如今使用者已经不再满足于对生产过程中的几个设备或几条生产线实施 PLC 控制,而是期望完成对整个生产流水线的自动化控制,所以如何提高 PLC 控制系统的通信联网功能就成为 PLC 的另一个发展方向。这一通信网络包括 PLC 之间、PLC 与计算机之间、PLC 与智能设备之间的联网,目前各生产厂家均采用开放式的应用平台,即网络、操作系统、监控及显示采用国际标准或工业标准,例如操作系统使用 UNIX、MS-DOS、Windows、OS2 等系统,这样可以把不同厂家的 PLC 产品集合到一个网络中同时运行,通过实现 PLC 与这些智能设备之间的数据信息交换可以构建出一个现场的工业控制网络,达到"分散控制、集中管理"的分布式控制目标。

1.2　PLC 的特点

PLC 自诞生发展至今,它的优点早已被广大用户所认可,可以说 PLC 的出现给工业自动化控制领域带来了一次革命性的飞跃,与其他控制系统如继电器 – 接触器控制系统、单片机控制系统、集散型控制系统等相比,PLC 具有其独特之处,它的优越性能主要体现在以下几个方面。

1. 可靠性高,抗干扰能力强

可靠性是检验工业电气设备优劣的关键性能和指标。传统的继电器 – 接触器控制系统使用大量的机械触点,连线多且复杂,很容易出现机械故障,可靠性较差。而 PLC 控制系统采用微电子技术,控制过程中的开关动作由无触点的半导体电路实现,PLC 外部电路仅仅保留了与相关输入、输出设备少量的硬件连接,接线数量和开关触点数量仅相当于继电器 – 接触点控制系统的 0.1% ~ 1%,因此极大地降低了控制系统的故障率,其可靠程度是使用机械触点的继电器 – 接触点控制系统无法相比的。

此外,为了保证 PLC 能够在恶劣的工业环境下可靠地工作,各个生产厂家在 PLC 设计和制造过程中采取了一系列抗干扰措施。例如在硬件方面,第一,采用可靠性较高的工业级元件和先进的电子加工制造工艺,使 PLC 排除了因器件的优劣问题可能引起的故障;第二,对电源变压器、CPU、编程器等主要部件采取严格措施进行屏蔽,以防外界干扰;第三,对供电系统和输入线路采取了多级滤波形式,例如 LC 或 π 形滤波网络,以此消除或抑制高频干扰,同时也削弱了各个单元模块之间的相互影响;第四,针对微处理器(CPU)这一核心部件所需的 +5 V 电源,PLC 采用滤波方式并使用集成电压调整器进行调整,以适应交流电网的波动,消除过电压或欠电压对集成电路的影响;第五,在 CPU 和 I/O 电路之间 PLC 采用光电隔离技术,切断了两者之间的直接电联系,从而减少故障以及可能产生的误动作。以上这些措施均有效地抑制了外部干扰信号对 PLC 的影响,使它能在各种恶劣的工业环境下平稳、可靠地工作。

在软件方面也采取了一系列抗干扰措施。第一,PLC 系统内置软件会定期检测外界环境信号,例如掉电、欠电压、锂电池电压过低、强干扰信号等,以便系统能够及时进行处理;第二,当系统出现偶发性故障时,PLC 会立即将所有的系统状态存入存储器中并保存此时的内部信息,当故障排除后系统迅速恢复正常运行;第三,加强对 PLC 内部程序的检查和校验,一旦程序出错,系统会立即作出相应处理,如报警、保护数据、封锁输出等;第四,当出现停电故障时,PLC 系统可以立即启用后备电池供电,系统相关的数据和状态能够保证不会全部丢失。

目前,各生产厂家的 PLC 产品在进行出厂检验时,都会通过抗干扰试验进行测试,在此试验过程中要求每一台 PLC 产品都能够承受来自电压幅值为 1 000 V、上升时间为 1 ns、脉冲宽度为 1 μs 的干扰脉冲。目前,各生产厂家生产的 PLC 产品平均无故障工作时间(Mean Time Between Failures, MTBF)均已大大超过了 IEC 所规定的 10 万小时(约折合为 4 167 天,约 11 年),为满足特殊场合需要,有些 PLC 生产厂家还采用了冗余设计和差异设计,进一步提高了 PLC 的可靠性,其平均无故障时间可以达到几百万甚至上千万小时及以上。

2. 应用灵活、扩展能力强、功能完善

传统继电器 - 接触器控制系统中每个继电器可使用的机械触点的数量非常有限,一般可以连接的触点数只有 4~8 对,因此当组建大型控制系统的硬件连接时,其灵活性和扩展性就显得很差,而 PLC 系统采用软件编程方式来替代继电器 - 接触器控制系统中大量中间继电器、定时器、计数器等物理器件,人们称其为"软继电器"。在使用时,每个软继电器的触点数量在理论上没有限制,其工作线圈也不存在工作电压等级、功耗大小、机械磨损和电蚀等问题,当控制系统进行组装时,只需将 PLC 的 I/O 接口与现场的各种输入、输出设备相连即可,这样可以大大减少系统控制柜的体积、接线数量以及系统的触点数,而且 PLC 在运行过程中是借助于用户程序来实现各种控制功能的,只需要修改用户程序就可以完成不同的控制功能,因此说 PLC 的灵活性和扩展性是继电器 - 接触器控制无法比拟的。

目前,PLC 市场已经形成了大、中、小型不同规模的系列化产品,各个 PLC 生产厂家均已实现了对产品的标准化、系列化和模块化生产,大多数 PLC 产品的 CPU、电源、I/O 接口等零部件已采用模块化、单元式结构,系统在安装时只需要通过可插拔的端子将各个功能模块组装起来,即使需要更换单元模块也无须借助外部工具即可实现快速安装。此外,针对不同的工业现场控制信号,如开关量或模拟量、电流或电压、直流或交流等信号,PLC 还拥有一系列的 I/O 接口单元和特殊功能单元可与现场控制设备直接相连,从而实现如高精度定位控制、温度控制、PID 运算、通信联网等各种复杂的工业控制要求,而且控制精度高,操作简便。

PLC 还具有良好的抗振性和适应环境温度、湿度变化的能力,例如其在环境温度为 -20 ~ +75 ℃、相对湿度为 10%~90% 的环境下可正常工作。

3. 编程简单、使用方便

根据国际电工委员会制定的《工业控制编程语言标准》(IEC61131 - 3),PLC 编程语言包括五种形式:梯形图语言、指令表语言、功能模块图语言、顺序功能流程图语言以及结构化文本语言,其中梯形图语言是 PLC 程序设计最常用的编程语言。

梯形图语言是一种与继电器 - 接触器控制电路相类似的编程语言,由于其控制符号和连接方式与传统继电器 - 接触器控制电路图非常相似,具有直观性和对应性,所反映的输入、输出逻辑关系与继电器 - 接触器控制电路也基本一致,因此对于熟悉电气线路知识的工程技术人员来说非常容易接受和掌握,只要经过短期培训或阅读相关用户手册就能很快掌握这种编程方法,因此受到广大工程技术人员的普遍欢迎。

此外,PLC 采用的是面向用户的工业编程语言,具有设计和模拟仿真功能,用户程序可以先在实验室中进行模拟调试,再到生产现场进行安装和联机测试,这样既安全快捷又方便,可以大大缩短控制系统的设计和运行周期。

图 1-2 所示为一典型的三相异步电动机继电器 - 接触器控制电路图,图 1-3 所示为采用 PLC 实现同一控制功能的控制接线图和梯形图。

4. 结构紧凑、维护方便、性价比高

PLC 是将微电子技术应用于工业控制设备的产品,因此具有体积小、重量轻、结构紧凑、功耗低等优点,而且工业现场的安装和接线也非常方便。以欧姆龙公司生产的 CJ1M 型

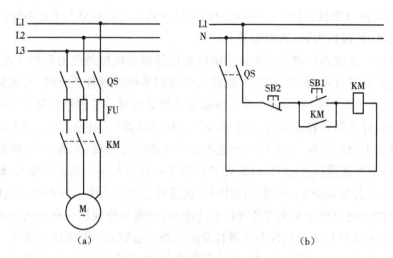

图 1-2　三相异步电动机继电器－接触器控制电路图

(a)主电路原理图　(b)控制电路

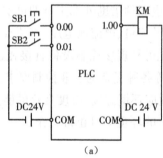

(a)

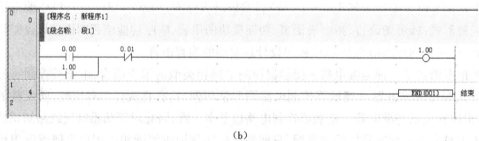

(b)

图 1-3　PLC 控制接线图和梯形图

(a)PLC 控制外部输入／输出接线图　(b)PLC 梯形图

PLC 为例,其配置单元中的基本 I/O 单元 CJ1W ID212,它的外形尺寸仅为 89 mm(长)×31 mm(宽)×90 mm(高),质量不足 110 g,功耗小于 25 W。此外,PLC 还具有自我诊断、监视、故障报警等功能,便于用户在工业现场及时操作和维修,一旦 PLC 自身出现故障,可以通过更换模块迅速排除故障,使系统恢复正常运行,维修过程既简便可靠又节省时间。目前, PLC 产品的使用寿命通常可以达到几十年以上,而价格并不昂贵,因此与应用于工业过程的其他控制设备相比较,PLC 具有更好的性价比。

1.3 PLC 的基本类型

近年来，国内外各生产厂商研制开发的 PLC 产品种类繁多，在产品性能和规格等方面存在着较大差异，因此对 PLC 的分类没有一个严格的统一标准。一般来说，可以按照控制规模、结构形式、实现功能或生产厂家等进行分类。

1.3.1 按控制规模划分

根据 PLC 的输入/输出点数来划分可以分为以下三种。

1. 小型 PLC

小型 PLC 的 I/O 点数一般小于 256 点。这一类机型通常采用单 CPU、8 位或 16 位处理器，用户存储容量在 4 KB 以下。其特点是体积小、重量轻、整体硬件结构融为一体，系统输入、输出信号多以开关量为主，也可以连接模拟量输入、输出以及其他特殊功能模块。一般这一类 PLC 比较适合于控制单台设备和开发机电一体化产品。

典型的小型 PLC 有美国通用电气公司的 Versamax Nano 和 Versamax Micro 系列、德国西门子公司的 S7 - 200、日本三菱公司（MITSUBISHI）的 MELSEC-F 系列、日本欧姆龙公司的 CPM 系列以及国产台达集团的 AH500 系列等。

2. 中型 PLC

中型 PLC 的 I/O 点数一般为 256 ~ 2 048 点。这一类机型一般采用双 CPU 模块式结构，用户存储容量为 2 ~ 8 KB。它不仅具有小型机所能实现的所有功能，而且还有更丰富的指令系统、更大的内存容量、更快的扫描速度以及更强大的通信联网功能。通常这一类 PLC 适用于较复杂的逻辑控制系统以及连续生产线的工业过程控制。

典型的中型机有德国西门子公司的 S7 - 300，美国通用电气公司的 GE - Ⅲ 以及日本欧姆龙公司的 CJ1M 系列等。

3. 大型 PLC

大型 PLC 的 I/O 点数一般在 2 048 点以上。这一类机型采用多 CPU、16 位或 32 位处理器，用户存储容量可以达到 16 KB 以上。它具有逻辑控制、运算、调节功能以及很强的自诊断功能和通信联网功能，与各种通信联网模块的连接可以组成多级分散式集中监控系统，实现工厂生产管理自动化。

典型的大型 PLC 有德国西门子公司的 S7 - 400、日本欧姆龙公司的 SYSMAC CVM1 系列及美国通用电气公司的 90 - 70 系列等。

1.3.2 按结构形式划分

1. 整体式

整体式 PLC 又称为单元式或箱体式 PLC。其特点是体积小、成本低、安装方便，通常小型 PLC 多采用这种形式。它的基本组成包括 CPU、电源、I/O 单元、与 I/O 扩展单元相连的扩展口以及编程器等部件，将这些部件集中安装在一个标准机壳内，组成 PLC 的一个基本单元(又称主机),一个基本单元就是一台完整的 PLC。当 I/O 控制点数超过基本单元的配置数时,可以通过主机内的扩展口连接至扩展单元来增加控制点数,而每一个扩展单元内只允许设置电源和 I/O 单元,不能再配置 CPU。扩展单元的种类包括 I/O 扩展单元和其他特殊功能单元,如模拟量输入/输出单元、温度传感器单元、DeviceNet I/O 单元、CompoBus/S I/O 从站单元等。PLC 所配置的扩展单元品种越丰富,其功能配置就越灵活。

2. 模块式

模块式 PLC 采用积木式的组合方式组成 PLC 系统。其结构特点是 PLC 中各个组成部分均按照不同的功能分别制作成相对独立的模块,各个模块在尺寸上都标准统一,如电源模块、CPU 模块、输入模块、输出模块及各种特殊功能模块等。要想组成一个完整的 PLC 系统,用户只需在一块固定的基板或机架上分别插上电源、CPU、输入、输出模块等即可构成一个 PLC 控制系统。此外,用户还可以根据不同的控制要求和控制规模选择一些特殊模块,如模拟量控制、温度控制、网络通信等特殊功能模块。如果一个机架容纳不下所有的单元模块,系统还可以增加一个或多个扩展机架,各机架之间使用 I/O 扩展电缆进行通信连接。

采用模块式 PLC 结构可以使 PLC 在系统配置时更加灵活、方便,用户可以根据需要选配组成不同规模的系统,而且装配方便,易于扩展和维修,通常大、中型 PLC 控制系统多采用这种结构形式。

3. 叠装式

以上两种 PLC 结构均各有特色,整体式 PLC 体积小、结构紧凑、安装方便、易于与被控设备组成一体,但往往系统所配置的 I/O 点数不能被充分利用,且不同 PLC 的尺寸大小不一致,不利于整齐安装;而模块式 PLC 的 I/O 点数配置相对比较灵活,且尺寸统一,安装整齐,但外形尺寸较大,很难与小型设备连成一体,为此 PLC 生产厂商研制开发了叠装式 PLC。这种结构吸取了整体式和模块式 PLC 的优点,其基本单元、扩展单元和特殊 I/O 单元也是各自独立的模块,而且在外形上等高、等宽,但它们在安装连接时并不需要使用基板或机架,仅使用扁平电缆连接即可,拼装后可组成一个整齐、小巧的长方体,并且组成这种结构后 I/O 点数配置也相当灵活。

1.3.3 按实现功能划分

1. 低档机

低档机具有最基本的 PLC 控制和运算功能,如逻辑运算、定时、计数、移位、自诊断以及监控等功能,还会有少量的模拟量输入/输出、数据传送和通信等功能,但 PLC 的运行速度比较低,所能配置的 I/O 点数也比较少,因此低档机主要用于顺序控制、逻辑控制或少量模拟量控制的单机系统。如日本欧姆龙公司生产的 CPM1 A 系列就属于这一类机型。

2. 中档机

中档机具有较强的控制功能和运算能力,它不仅能完成一般的逻辑运算,而且具有较强的模拟量输入/输出、数值运算、数据传送、远程 I/O、PID 控制以及通信联网等功能。其工作速度相对较快,允许配置安装的 I/O 模块数量和种类也比较多。通常这一类机型适用于动作要求比较复杂的机械设备控制或连续生产过程控制等。如德国西门子公司生产的 S7

－300 系列、欧姆龙公司生产的 CJ1M 系列等。

3. 高档机

与中档机相比,高档机具有更丰富的指令系统、更强大的控制功能和运算能力,输入模块和输出模块的种类也更丰富。除具有中档机的所有功能外,高档机还增加了复杂的矩阵运算、过程控制、高精度定位及其他特殊功能,在运算处理速度上也更快。此外,高档机还具有更强的通信联网功能,可用于大规模过程控制或分布式网络控制系统。如欧姆龙公司生产的 SYSMAC CVM1 系列。

1.3.4 按生产厂家划分

自可编程序控制器诞生以来,它的显著特点和优越性能得到了各工业发达国家的高度重视。经过几十多年的不断发展,PLC 生产已经形成了一个巨大的产业,市场对 PLC 产品的需求量仍在稳步上升,仅 2012 年中国的 PLC 市场销售规模就已达到了 79 亿元人民币。据不完全统计,目前世界上 PLC 生产厂商有 200 余家,所生产的 PLC 产品型号有几千种,如果按 PLC 生产厂商按所处的地域来划分可以分为欧洲、美国、日本三大流派,各个流派的 PLC 产品都各具特色。欧美公司在大、中型 PLC 领域占有绝对优势,日本公司在中、小型 PLC 领域占有十分重要的位置。另外,韩国和中国台湾的公司在小型 PLC 领域也有一定的市场份额。综合 PLC 产品在全球的销售量,在中国市场较有影响的公司及其产品如下。

(1)美国 AB(Allen-Bradley)公司(现已被美国的 Rockwell 公司收购),其产品主要为 Logix 系列机,如 ControlLogix(大型机)、CompactLogix(中型机)、MicroLogix(小型机)等。

(2)美国 GE 公司,其产品分为 Series 90－30、Series 90－70、VersaMax Micro and Nano 系列、PAC 系列等;

(3)德国西门子公司,其产品主要为 SIMATIC S7 系列机,包括 S7－1200 系列、S7－300 系列、S7－400 系列以及 S7－1500 系列。

(4)日本欧姆龙公司,其产品类型分为 CPM 系列、CJ1 系列、CS1 系列、CQ 系列以及 CV 系列等。

(5)日本三菱公司,其产品类型分为 MELSEC-Q 系列、MELSEC-L 系列、MELSEC-F 系列。

(6)日本松下(Panasonic)公司,其产品类型分为 FP0R 系列、FP-X 系列及 FP-X0 系列、FPΣ 系列等。

(7)台湾永宏电机,其产品类型分为 FBs 系列、B1/B1z 系列。

我国对 PLC 技术的研制、应用和生产是伴随着改革开放逐步开始的,最初国内用户对 PLC 的认识源于 20 世纪 80 年代初上海宝钢一期工程引进了一批国外成套设备,其中引进了十几种机型共 200 多台 PLC,这些 PLC 取代了传统的继电器－接触器控制系统,用于从原料码头到高炉、轧钢、钢管等整个钢铁冶炼以及加工生产线中,并部分取代了模拟量控制和小型 DDC 系统。继宝钢一期工程后,国内许多厂家和科研部门陆续引进了先进的 PLC 单机和生产线,建立了一批中外合资、外商独资企业在国内设厂批量生产 PLC 产品,其应用范围逐步扩大到电力、化工、冶金、采矿、交通、纺织、食品、印刷、制药、智能楼宇等众多工业领域,也正是在成套设备引进过程中,人们打开了眼界,了解并认识了 PLC,这也促进了 PLC 在我国的发展。人们也在通过技术引进和消化吸收的同时,逐步开发出自主的 PLC 产品,因此,国产化 PLC 生产厂家逐渐增多。例如:杭州和利时自动化有限公司推出的 LM 系列小型 PLC、LK 系列大型 PLC 产品,台达集团上海中达电通股份有限公司推出的 AH500 中型 PLC、DVP – ES2 – EX2/ES2 – C 系列、DVP – SV2 系列、DVP – SS2 系列、DVP – SX2 系列等,江苏无锡信捷电气股份有限公司推出的 XC 系列 PLC、XD 系列、XE 系列等,南大傲拓科技江苏有限公司推出的 NA200 系列、NA400 系列、NA600 系列等。

本章小结

　　可编程序控制器(PLC)是一种专为在工业环境下应用而设计开发的数字运算操作系统,它采用一类可编程的存储器用于其内部存储程序,执行逻辑运算、顺序控制、定时、计数与算术操作等面向用户的指令,并通过数字或模拟输入/输出控制各种类型的机械或生产过程。本章简要介绍了 PLC 的定义及其产生和发展,概括地分析了 PLC 的主要特点、发展趋势和分类方法。通过本章的学习,读者可以对 PLC 有一定了解。

思考题与习题

　　1. PLC 的定义是什么?

　　2. PLC 的特点主要有哪些?

　　3. 简述 PLC 的发展趋势?

　　4. PLC 的类型如何划分?

第2章 可编程序控制器的基本结构
和工作原理

◆ **本章要点**

1. 可编程序控制器的基本结构。
2. 可编程序控制器的工作原理及工作方式。

日本欧姆龙集团是一家全球知名的自动化及电子设备制造厂商,其 PLC 产品不仅型号丰富、功能强大,而且具有较高的性能价格比,目前已广泛应用于化工、机械、纺织、汽车、食品、医疗等各个领域,近些年在中国市场上的占有率也位居前列。

欧姆龙 PLC 产品大致可以分为微型、小型、中型和大型四大类共几十种型号,其中,微型机和小型机一般采用整体式结构,以欧姆龙 CP1 和 CPM 系列为代表;中型机采用紧凑式模块化结构,以欧姆龙 CJ1 系列为代表;大型机则以欧姆龙 CS1 系列最为典型。各个系列的 PLC 产品中最小 I/O 点数为 10 点,最大 I/O 点数可以达到 5 120 点。

欧姆龙 PLC 产品配置型号均以 "SYSMAC C＿＿"表示,其中"SYSMAC"是 OMRON 工厂自动化系统产品的标志,"C"代表"C 系列","C"后面的字符表示设计序列号,例如 CPM、CJ、CS、CV 等。

SYSMAC CJ1M 系列 PLC 是欧姆龙公司于 2005 年 7 月推出的新一代高性能中、小型机,其实物外观如图 2-1 所示。这是一款集众多功能于一体的紧凑型模块化 PLC,自推出以来一直是欧姆龙 PLC 系列产品中用户选用最多的机型。它不仅拥有超小型和超薄型的外形尺寸(长 65 mm、宽 48.75 mm、高 90 mm),从外观上看只比信用卡大一点儿,同时其无背板的结构形式还可以满足系统灵活的装置需要,不仅提高了设备的空间利用率,而且实现系统的快速安装。此外,与其他小型机相比,CJ1M 系列 PLC 运行速度更快、存储容量更大、指令更丰富、性能也更优越,通过 I/O 扩展后可以达到 640 个 I/O 点数的配置,从而达到中型机的性能标准。与此同时,该系列 PLC 还配置一系列特殊功能单元模块,如模拟量 I/O 模块、高速计数模块、温度传感模块、位置控制模块、通信联网模块等,可以与上位计算机、下位 PLC 以及外部设备组成具有各种功能的计算机控制系统和工业自动化网络。凭借这些出色的功能和良好的性价比,CJ1M 系列 PLC 已在各类工业自动控制领域中大显身手。

可编程序控制器的种类繁多,但各个机型的结构和工作原理均大同小异,因此本书在介绍可编程序控制器的结构和工作原理时,将着重以欧姆龙 CJ1M 系列 PLC 为例进行系统讲解。

图 2-1 CJ1M 系列 PLC

2.1 可编程序控制器的基本结构

从广义上来说,PLC 是以微处理器为核心且具有特殊功能的工业计算机系统。它的基本结构与一般的微型计算机结构十分相似,即包括硬件系统和软件系统。从硬件系统来看,可编程序控制器主要由中央处理单元(CPU)、存储器(Memory)、输入/输出单元(I/O Unit)、电源(Power)、编程器(Programmer)、通信接口、I/O 扩展接口等组成,其结构框图如图 2-2 所示。

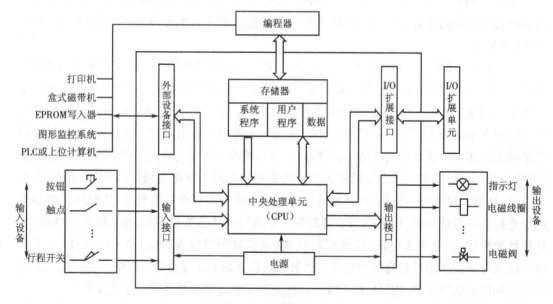

图 2-2 PLC 硬件系统结构

2.1.1 中央处理单元

中央处理单元是 PLC 的智能核心,它可以按照系统程序赋予的功能来控制 PLC 有条不紊地运行。CPU 一般由控制电路、运算器、寄存器及实现它们之间通信联系的地址总线、数据总线和控制总线组成,其中控制单元是用来控制 PLC 工作进程的部件,可以实现读取指令、解释指令以及执行指令的功能;运算器是在控制单元的指挥下执行算术运算和逻辑运算的部件;寄存器负责参与用户程序中的逻辑运算并存储运算过程中的中间结果或地址;CPU通过地址总线、数据总线和控制总线与存储器单元和输入/输出接口单元连接通信。

CPU 的功能主要有以下几点。

(1)对电源、PLC 内部电路的工作状态进行实时监测、诊断,根据故障或错误类型通过指示灯或显示器报警以提示用户及时排除故障或纠正错误。

(2)接收、存储由编程器输入的用户程序和数据,并通过显示器显示程序内容和存储地址。

(3)对正在输入的用户程序进行检查,一旦发现语法错误立即报警提示;在程序运行过程中若发现错误立即报警或停止执行程序。

(4)采用扫描方式工作,通过输入接口接收来自现场的状态或数据,并存入输入映像寄存器或数据寄存器中,当需要修改数据时将其调出并输送到需要修改的地方。

(5)执行用户程序,从存储器中逐条读取用户程序,经过命令解释后完成用户程序所规定的逻辑运算、算术运算及数据处理等操作。

(6)根据运算结果,更新有关标志位的状态和输出映像寄存器的内容,再由输出单元实现输出控制、打印制表或数据通信等功能。

(7)响应各种外部设备的工作请求。

2.1.2　存储器

存储器是 PLC 系统中的记忆设备,主要用于存放 PLC 的系统程序、用户程序和工作运行数据等信息,同时还在 PLC 运行过程中高速地、自动地完成程序或数据的存取工作。PLC存储器一般由存储体、读写控制电路、地址寄存器、数据寄存器和地址译码电路这五个部分组成。根据数据信息存取方式的不同,PLC 存储器包括只读存储器(ROM)和随机存取存储器(RAM)两种类型。

组成 PLC 存储器的存储介质称为存储元,它是存储器中最小的存储单元,可以存储一位二进制代码("0"或"1"),由若干个这样的存储元可以组成一个存储单元,每个存储单元可存放一个字节(按字节编址),由若干个存储单元可以组成一个存储器。每一个存储器中包含有许多个存储单元,每个存储单元的位置都被设置了一个编号,称为地址,一般采用十六进制表示。一个存储器中所有存储单元可存放数据的总和称为它的存储容量。

PLC 系统程序,包含系统管理程序、用户指令解释程序、功能程序和系统程序调用等部分,可实现系统诊断、命令解释、逻辑运算、功能子程序调用、通信以及各种参数设定等功能,它是 PLC 赖以工作的基础,并且可以为 PLC 的正常运行提供一个安全、可靠的平台。系统程序由 PLC 生产厂家设计、编写并永久固化在系统程序存储器中,随产品提供给用户,用户不能直接读取或修改。需要注意的是,系统程序的优劣很大程度上决定了 PLC 的性能。

用户程序是指用户根据不同的控制要求采用 PLC 程序语言编写的控制程序,程序内容可以随时读写和修改。为了便于用户的读取、检查和修改,用户程序一般存放于 CMOS 静态

RAM 中,采用锂电池作为后备电源以保证掉电时信息不会丢失。一般使用寿命为 5 年,用户可以使用厂家提供的专用继电器来随时监测 PLC 电池的工作状态。

工作运行数据是指 PLC 在运行过程中输入的原始数据、程序中间变量和最终运行结果等经常变化、经常存取的数据信息。这些数据不需要长久保存,因此存放在 RAM 中以适应随机存取的要求。在 PLC 的数据存储器中专门设置有存放输入/输出继电器、内部辅助继电器、定时器、计数器等逻辑器件的存储区,这些逻辑器件的状态均由用户程序的初始设置和运行情况确定。如果 PLC 系统在运行中出现异常,则某些工作运行数据会在掉电时启用后备电源维持其当前的状态,PLC 系统掉电时可以保存数据的存储区域称为数据保持区。

2.1.3 输入/输出单元

输入/输出单元又称为 I/O 单元或 I/O 模块,它是 PLC 与工业现场输入、输出设备以及其他外部设备之间的连接部件。输入单元的作用是采集和接收来自工业现场的输入信号。输入信号包括两种类型:一种是由操作按钮、限位开关、行程开关、拨码器等提供的数字(开关)量输入信号;另一种则是由传感器、电位器、测速发电机和各种变换器等提供的连续变化的模拟量输入信号。输出单元的作用是将 CPU 送出的弱电控制信号转换为外部设备需要的强电信号,即把用户程序运算执行后的结果输出到 PLC 外部执行机构以驱动负载运行。

与其他微型计算机控制系统一样,PLC 内部 CPU 单元信号是标准 TTL 电平,而来自工业现场被控对象的各种输入信号却千差万别,不同的传感元件其信号电平都不尽相同,因此 PLC 首先需要将输入信号依次采集到输入单元中,然后将输入信号转换成 CPU 能够接收的电平信号,再由 CPU 完成逻辑运算和处理,最后 CPU 会将运算结果输送到输出单元,由输出单元将弱电控制信号通过光电隔离、功率放大等方法转换成工业现场执行机构能够接收的强电信号并驱动执行机构运行,如接触器、指示灯、电磁阀、调节阀、调速装置等。

通常按照功能将 I/O 单元划分为基本 I/O 单元和特殊 I/O 单元。

1. 基本 I/O 单元

为适应工业现场不同类型的 I/O 信号匹配要求,PLC 配置了具有多种操作电平和驱动能力的基本 I/O 单元模块供用户选择。常用的基本 I/O 单元类型如下。

1)数字(开关)量输入单元

顾名思义,数字(开关)量是指非连续性的信号,该物理量只有两种状态,即"0"和"1",在电力系统中可以表示为电路的导通和断开、继电器的打开和闭合、电磁阀的通和断等。PLC 数字(开关)量输入单元的作用是将工业现场中各种数字(开关)量信号转换为内部 CPU 单元可以接收的标准二进制信号。按照外接输入电源类型的不同,数字(开关)量输入单元又可分为直流输入单元、交流输入单元和交直流输入单元三种形式,这里仅对直流输入单元作详细介绍。

直流输入单元通常按照输入点数划分,可分为 8 点、16 点、32 点和 64 点四种类型,参考电路图如图 2-3 所示。图中所画出的只是对应 PLC 中一个接线端子的输入电路,其他各输入点的输入电路均与之相同。虚线框内表示 I/O 单元内部输入电路,虚线框外左侧为外部用户接线端。接线时,将外部输入信号的一端与输入单元的接线端子相连,另一端与电源正极或负极相连,而电源的另一端与输入单元的公共端相连。

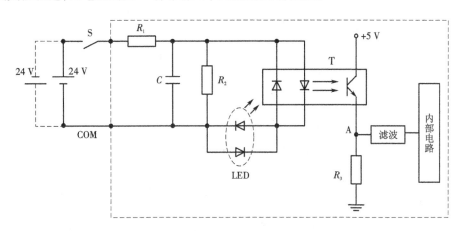

图 2-3　直流输入单元原理图

直流输入单元的工作原理是:当外部触点 S 闭合时, LED 灯亮,显示输入开关 S 处于接通状态,光电耦合器导通,输入信号状态可通过滤波器送入 PLC 内部电路中,当 CPU 在循环扫描输入阶段采集到此端口信号时,会将该输入点对应的输入映像寄存器状态置1;当 S 断开时状态相反,则输入点对应的输入映像寄存器状态置0。

2)数字(开关)量输出单元

数字(开关)量输出单元也叫数字(开关)量输出模块或数字(开关)量输出接口等,它的作用是把 CPU 单元送出的标准电平信号转换为现场执行机构所需的数字(开关)量输出信号,以此驱动外部负载工作,如指示灯的亮或灭、电动机的启或停、阀门的开或闭等。需要特别指出的是,数字(开关)量输出单元本身不配置负载工作电源,负载电源统一由外部现场提供,并且输出单元的输出电流必须大于负载电流的额定值,如果负载电流较大,则输出单元将无法驱动,此时应适当增加中间放大环节。对于电容型负载、热敏电阻型负载来说,考虑到其接通时会产生冲击电流,因此还需要保留足够的余量才行。

根据现场执行部件的种类划分,PLC 数字(开关)量输出单元可以分为继电器输出单元、晶体管输出单元以及双向晶闸管输出单元三种类型,这里仅对继电器输出单元作详细介绍。

继电器输出单元的内部参考电路图如图 2-4 所示,图中所画出的只是对应 PLC 中一个接线端子的输出电路,其他各输出点的输出电路均与之相同。虚线框内表示 PLC 内部输出电路,虚线框右侧为外部用户接线端。LED 为输出点状态指示灯,K 为一个小型直流继电器。

继电器输出单元工作原理是:当内部电路送出一个输出信号时,内部继电器状态为1,LED 指示灯亮,表示此输出点接通,继电器 K 得电吸合,其常开触点闭合,负载得电;当内部电路未送出信号时,则 LED 指示灯灭,表示此输出点断开,继电器 K 失电断开,其常开触点断开,负载失电。

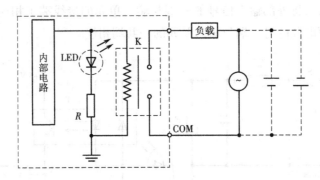

图2-4 继电器输出单元电路

继电器输出单元的优点是适用于直流或交流两种驱动电源以及较低速的大功率交、直流负载,并且工作可靠,但缺点是响应速度比较慢。由于是有触点的输出形式,因此工作频率不能太高,且受内部继电器寿命限制,其工作寿命要比无触点的半导体元件短。此外,继电器从线圈得电到其触点动作存在一定的延迟时间,这是造成输出滞后于输入的原因之一。晶体管输出单元的优点是适用于高频、高速、小功率直流驱动负载,由于是无触点开关元件,因此比继电器输出单元寿命长、响应时间短。双向晶闸管输出单元也属于无触点输出形式,其内部电路为电子开关装置,因此可支持高频率动作,并且噪声小、反应速度快、工作寿命长,可承受大功率信号的传输任务。

2. 特殊 I/O 单元

随着可编程序控制器技术的飞速发展和广泛应用,其功能也日趋完善,但现代工业生产给 PLC 提出了许多新的课题,仅仅使用基本 I/O 单元模块是无法协助 CPU 实现这些目标的,为了增强 PLC 的功能,扩大其应用范围,PLC 生产厂家相继开发了品种繁多的具有特殊用途的功能模块供用户选用,通常将这类单元称为特殊 I/O 单元(模块)。

按照用途划分,特殊 I/O 单元可分为模拟量 I/O 单元、高速计数器单元、位置控制单元、温度控制单元、ID 传感器单元、通信联网单元等。

2.1.4 电源单元(模块)

电源单元是 PLC 的重要组成部分,它可以对外部交流电源进行整流、滤波和稳压,之后转换为 PLC 中各单元(模块)所需要的直流工作电源。电源性能的优劣可直接影响 PLC 的功能及可靠性,因此各 PLC 生产厂家对电源的设计和制造都十分重视,目前大多数 PLC 均采用了质量高、工作稳定性好、抗干扰能力强的开关稳压电源,并且使用锂电池作为后备电源,当外部电源出现故障时,PLC 内部的重要数据不至于丢失。此外许多 PLC 电源还可以向外部提供 DC 24 V 稳压电源,用于对外部负载供电,但因容量有限,驱动现场执行机构的直流电源一般由用户单独提供。

与普通电源相比,PLC 电源对电网提供的电源稳定度要求不高,一般允许电网电压在其额定值的 ±10% 的范围内波动。通常 PLC 供电电源输入类型可分为交流电源(AC 100 ~ 240 V)和直流电源(常用的为 DC 24 V)。对于模块式 PLC 而言,电源模块的选择较为简单,只需要考虑电源的额定输出电流即可,即电源模块的额定电流必须大于 CPU 模块、I/O 模块及其他模块的总消耗电流。

2.1.5　编程器

编程器是 PLC 中不可缺少的外部连接设备,它是开发、应用和维护 PLC 系统的重要操作工具,用户借助编程器可以完成 PLC 程序的输入、编辑、调试以及在线监控 PLC 工作状态、与 PLC 进行人机对话等工作。PLC 编程器大致可分为简易编程器和智能编程器两种类型。

简易编程器又称为手持式编程器,一般由键盘、显示器和工作方式选择开关等部件组成,通过专用电缆与 CPU 的外设端口相连接,工作电源由 PLC 提供。简易编程器可以完成如上传或下载用户程序、现场修改参数以及监控 PLC 工作状态等任务,它具有体积小、重量轻、价格低、携带方便等优点,但在使用时编程器只能采取联机编程的方式,且不能直接输入和编辑梯形图程序,必须将梯形图程序转化为指令表程序后才能输入,因此这种编程器一般仅适用于小型或微型 PLC 的控制使用。

在实际工业现场中,简易编程器往往只能满足于对生产厂家中部分型号的产品进行编程,使用范围非常有限,而 PLC 产品需要不断地更新换代,因此简易编程器的生命周期相对有限。当前编程器的配置趋势是使用以个人计算机为基础的编程装置,用户只需要购买 PLC 厂家提供的专用编程软件和相应的硬件接口装置即可,这样用户只要花费较少的投资即可得到一种新型的、高性能的 PLC 程序开发系统——智能编程器。

智能编程器又称图形编程器,它既可以联机编程又可以脱机编程,其本质是在个人计算机系统中安装上专用的 PLC 编程软件包,再将适当的硬件接口(如编程电缆等)与 PLC 主机相连并建立起通信连接,这样就可以完成对 PLC 的实时编程、调试和监控等工作。目前,各 PLC 生产厂商均开发了计算机辅助 PLC 编程软件,只要在个人计算机系统上安装后即可作为 PLC 的智能编程器使用。

借助 PLC 编程软件,用户可以通过计算机屏幕输入和编辑梯形图程序、指令表程序或状态转移图程序,并且实现不同编程语言之间的相互转换。在程序输入过程中,图形显示器还可以显示出用户程序内容和程序容量等各种信息;在调试、运行程序过程中显示各种信号的状态、出错提示等信息;完成监视系统运行、打印文件、系统仿真等工作;配置相应的软件后可实现数据采集和分析等许多功能;用户程序在经过编程软件的编译后由通信电缆下载(写入)到 PLC 中可以实现 PLC 系统的控制功能,同时也可以将 PLC 中的用户程序上传(读出)到计算机中重新编辑和调试。现如今这种编程器方式已经非常流行和普及,并已被广泛用于各种类型的 PLC 产品中,如欧姆龙公司 CJ1M 系列 PLC 所采用的欧姆龙专用编程软件 CX-Programmer 就是一款功能强大、性能优越的 PLC 编程软件,该软件能够支持 CP、CJ、CV、CS 等多个系列的指令系统,可以采用助记符或梯形图方式编程,进行在线或离线编辑,还可以对在线 PLC 及其系统进行调试、监控或离线仿真,深受 PLC 用户的欢迎。

2.1.6 扩展单元

扩展单元主要是用于扩展 PLC 的 I/O 点数,当用户所需的 I/O 点数超出 PLC 主机上基本 I/O 单元允许的最大 I/O 点数时,需要通过 I/O 扩展接口将主机与 I/O 扩展单元连接起来以增加 I/O 点数,这样能使 PLC 系统的 I/O 点数配置更加灵活。

此外,为了适应更加复杂和多样的工业控制需求,PLC 生产厂家还开发了一系列具有特殊用途的智能控制单元,可以通过 I/O 扩展接口连接到 CPU 主机架和扩展机架,如模拟量 I/O 单元、高速计数器单元、位置控制单元、温度控制单元、Componet 主站单元、Controller Link 单元、Ethernet 单元等。这些智能单元模块本身具有各自独立的计算机系统,配置有独立的 CPU、系统程序、存储器以及与 PLC 系统总线相连的接口电路,具有专门的处理能力。如欧姆龙 CJ 系列 Controller Link 单元 CJ1 W – CLK,作为 PLC 的一种新型的 Controller Link 单元模块(Controller Link 是一种可以轻松高速发送和接收大量数据的 FA 网络),它可以通过 CPU 总线单元与 CPU 相连,实现 PLC 和计算机之间共享数据的数据链接和随时收发数据的信息服务,并可在 CPU 的协调管理下独立地进行工作,在确保数据准确性的前提下,该单元每个节点可以执行 4 000 ×2 字的数据链接。

2.2 可编程序控制器的工作原理

可编程序控制器是由继电器 – 接触器控制系统逐渐发展而来,并与微型计算机技术相结合的产物,为了便于大家理解可编程序控制器的工作原理,下面通过两种控制方式的对比和等效来阐述其工作方式。

2.2.1 PLC 的等效电路

PLC 最初由继电器 – 接触器控制系统发展而来,它的梯形图语言与继电器 – 接触器控制系统的电气原理图十分相似,两者信号的输入、输出形式以及控制功能也基本一致,对于用户来说,所不同的只是 PLC 以程序软件来代替继电器 – 接触器控制电路中使用的物理元器件,如输入继电器、输出继电器、内部辅助继电器等,称为"软继电器"。之所以称为"软继电器",是因为它具有与物理继电器相似的功能,例如:当它的"线圈"接通时,其常开触点闭合,常闭触点断开;当"线圈"断电时,其常开触点断开,常闭触点闭合。虽然这些"软继电器"能够完成物理继电器所具有的全部功能,但其实它们并不是真正的物理继电器,而只是 PLC 内部的一些存储单元,每一个"软继电器"都与 PLC 存储器中的映像寄存器存储单元相对应,这里的映像寄存器是指在 PLC 存储器中专门设置的一片 I/O 映像区域,用于存放输入、输出信号的状态,分别称为输入映像寄存器和输出映像寄存器,它们与 I/O 点一一对应,即 PLC 的每一个输入点都会有一个输入映像寄存器中的某一位与之相对应,每一个输出点也都会有一个输出映像寄存器中的某一位与之相对应,并且系统的 I/O 点的地址号与 I/O 映像区中映像寄存器的地址号也一一对应。除此之外,PLC 中的其他编程元件也有其相对应的映像寄存器,称为元件映像寄存器。当映像寄存器存储单元状态为"1"时,表示梯形图中对应的软继电器线圈"通电",其常开触点闭合,常闭触点断开,此时这种状态为该软继电器的"1"或"ON"状态;当该存储单元状态为"0"时,则对应软继电器的线圈和触点的状态与上述情况相反,此时该软继电器为"0"或"OFF"状态。因此,可以将 PLC 理解为由许多各种各样的"软继电器"和"软接线"组成的集合,而用户程序就是用"软接线"将这些"软继电器"以及"触点"按一定的逻辑要求连接起来的"控制电路",由此可以把 PLC 系统的结构框图等效为继电器－接触器控制原理的形式,如图 2-5 所示。

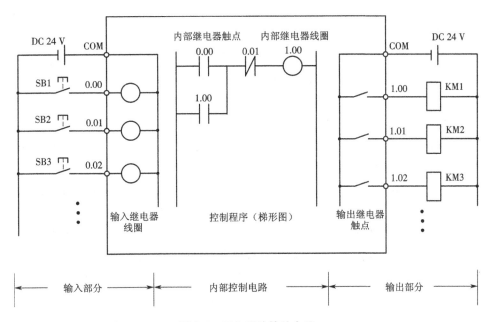

图 2-5　PLC 系统等效电路

PLC 系统等效电路一般可以分为三个部分:输入部分、内部控制电路以及输出部分。

1. 输入部分

　　PLC 的输入部分负责接收来自被控设备的所有输入信息和操作指令,它是 PLC 与外部开关元件、传感器等交换信号的通道。输入部分由外部输入电路、PLC 输入端子和输入继电器组成,其使用的电源可以由 PLC 提供 24 V 直流电源,也可以由外部电源提供。

　　在 PLC 系统中,每一个输入点所对应的 PLC 内部"软继电器"称为输入继电器,它是 PLC 中专门用来存储系统输入信号的内部虚拟继电器,其具有任意多个常开触点和常闭触点供用户编程时使用,又因为每一个输入继电器的"线圈"与 PLC 存储器中输入映像寄存器的一个存储单元相对应,因此当 PLC 工作时,系统会将采集到的输入信号状态存放到输入映像寄存器中供 CPU 读取信息。如一个 PLC 系统配置有 16 个输入点,就相当于有 16 个微型输入继电器置于 PLC 内部,同时 PLC 存储器又配置有 16 个输入映像寄存器用于存放外部输入信号的逻辑状态。当外部输入电路接通时,其对应的输入映像寄存器单元逻辑状态为"1",梯形图中对应的输入继电器线圈接通;当外部输入电路断开时,输入映像寄存器单元逻辑状态为"0",梯形图中对应的输入继电器线圈断电。

　　需要特别注意的是,输入继电器的线圈只能由来自现场的外部输入元件驱动,不能由程

23

序内部指令驱动,因此在用户编制的梯形图中只能出现输入继电器的触点,而不是输入继电器的线圈。

2. 内部控制电路

内部控制电路是指用户编写的 PLC 控制程序,通常采用梯形图表示。当 PLC 系统运行时,CPU 会依次读取用户存储器中的程序语句,按照用户程序规定的逻辑关系对输入、输出信号进行逻辑运算和处理,之后得到相应的输出控制信号,通过驱动设备实现对外部负载的控制。

3. 输出部分

PLC 输出部分的作用是接收来自 CPU 运行处理的数字信号,并将它转换成被控设备能够接收的电压或电流信号,再驱动外部负载工作。输出部分由输出端口、输出继电器和外部驱动电路组成。

与输入部分相同的是,输出部分也设置了内部"软继电器",称为输出继电器,它是 PLC 中专门用于存储输出信号的内部虚拟继电器,具有任意多个常开触点和常闭触点供用户编程时使用。输出继电器与每一个 PLC 输出点和输出映像寄存器均一一对应,如一个 PLC 系统配置输出点数为 16 点,那么 PLC 内部就会配置有 16 个输出继电器和 16 个输出映像寄存器,并且每一个输出继电器的"线圈"与 PLC 存储器中输出映像寄存器的一个存储单元相对应,当 PLC 运行时,经 CPU 运算处理后的输出信号状态会首先输送到输出映像寄存器中,再由外部驱动电路将弱电控制信号转换成工业现场所需的强电信号输出以驱动负载。

此外,每个输出继电器除了具有为内部控制电路编程使用的任意多个常开、常闭触点之外,还为外部输出电路设置了可以与输出端口相连的物理常开触点,称为内部硬触点。当程序运行结果使输出继电器接通时,相应的硬触点闭合,其外部负载线圈动作,负载运行。

PLC 输出部分中负责驱动负载的电源必须由外部提供,电源种类和规格可以根据用户需要选用不同类型的负载电源,只要选取在 PLC 允许的最大额定电压范围内即可。

为了更好地理解 PLC 与继电器 – 接触器系统之间的等效关系,下面以三相异步电动机启停控制电路为例,对比说明 PLC 控制系统的工作过程,以便进一步加深对 PLC 等效电路的认识。

图 2-6 所示是一个典型的三相异步电动机单向连续运行继电器控制电路图。在图 2-6 中,输入设备 SB1 为启动按钮,SB2 为停止按钮,FR 为热继电器;输出设备 KM 为交流接触器线圈,负责控制电动机 M 的运转。具体操作过程如下。

(1)按下 SB1 时,KM 线圈得电,主电路中 KM 的常开(动合)主触点闭合,控制电路中 KM 线圈的辅助触点闭合,产生自锁,电动机 M 启动运转。

(2)按下 SB2 时,KM 线圈失电,主电路中 KM 的常开主触点断开,控制电路中 KM 辅助触点也断开,解除自锁,电动机 M 停止运转。

若采用欧姆龙 CJ1M 系列 PLC 实现以上控制功能,其外部接线图和梯形图程序如图 2-7 所示。根据 PLC 控制原理可知,PLC 控制系统的主电路与继电器 – 接触器控制系统完全相同,因此无须更改。PLC 输入和输出单元模块上分别设置有输入、输出端子,每一种单元模块还设置有各自的公共端 COM。在这一实例中输入单元设定为 0 通道,输出单元设定为 1

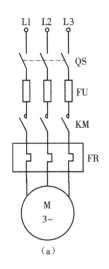
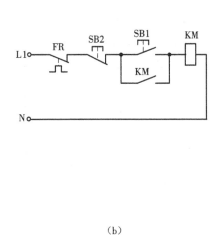

图2-6　三相异步电动机单向连续运行的继电器控制电路图

（a）系统主电路　（b）系统控制电路

通道,则输入端口的地址号分别为 0.00、0.01、0.02、…、0.15,输出端口的地址号分别为 1.00、1.01、1.02、…、1.15。连接线路时只需将输入设备 SB1、SB2、FR 的一侧触点分别与 PLC 的输入端口 0.00、0.01、0.02 依次连接,另一侧触点与 DC 24 V 电源连接,DC 24 V 电源 再与输入公共端 COM 相连;输出设备 KM 线圈与 PLC 的输出端口 1.00 连接,负载电源与输 出端 COM 相连,这样就组成了一个由 PLC 控制的外部硬件接线电路,如图 2-7(a)所示。

PLC 系统控制功能由用户程序来实现,具体动作顺序如下。

当启动时,输入部分:按下 SB1→内部控制电路的输入继电器 0.00 的"软线圈"得电→ 输入继电器 0.00 的"常开软触点"闭合→输出继电器 1.00 的"软线圈"得电→内部控制电 路的输出继电器 1.00 的"常开软触点"闭合,输出部分的输出继电器 1.00 的"硬触点"闭合→ 负载接触器 KM 通电,电动机 M 运行。

当停止时,输入部分:按下 SB2→内部控制电路的输入继电器 0.01 的"软线圈"得电→ 输入继电器 0.01 的"常闭软触点"断开→输出继电器 1.00 的"软线圈"失电,其"常开软触 点"断开,输出部分的输出继电器 1.00 的"常开硬触点"也断开→负载接触器 KM 断电,电 动机停止运转。

由以上实例可以看出,继电器 – 接触器控制系统是将电气元件以及触点按照点到点的 "硬连接"布线方式组成控制电路,而 PLC 则是将控制逻辑以软件编程的形式存储在 PLC 存 储器中,由 PLC 用户程序内容替代继电器 – 接触器控制中的线圈以及连接电路,所有输入 端口状态一旦读取进入 PLC 内存后,CPU 就将根据这些状态或数据完成所有逻辑运算、定 时及计数等操作,产生输出信号后传送到输出装置驱动负载运行。当控制任务改变时,用户 只需要通过编程器修改用户程序即可,外部的硬件接线不需要做任何改变,因此大大增加了 工业控制的灵活性和通用性,这也是 PLC 控制方式最显著的特点。

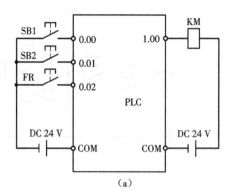

（a）

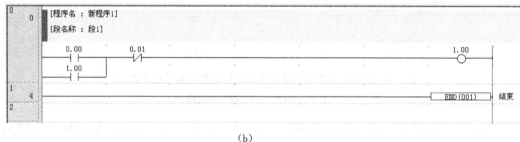

（b）

图 2-7　PLC 等效电路

（a）PLC 外部接线图　（b）梯形图程序

2.2.2　PLC 的工作方式

在继电器 – 接触器控制电路中,当某一个继电器线圈得电或失电时,电路中的其他继电器线圈和触点会同时产生动作,逻辑运算过程也将同时进行,称为"并行"工作方式,而 PLC 采用"顺序扫描,周期循环"的工作方式,即在 PLC 通电后,CPU 可根据用户程序逻辑,按照指令步序号(或地址号)对梯形图程序从左到右、从上到下逐次进行巡回扫描,程序执行过程中始终按照语句排列的先后顺序进行,直至程序结束,执行期间如无跳转指令,则立即返回到用户程序的第一条指令重新开始下一轮扫描工作,这样周而复始地循环扫描,直至停机。在每一次扫描过程中,系统还要完成对输入信号的采样和对输出状态的刷新等工作。

由于 PLC 运行过程中采取分时操作原理,即任何时刻只能执行一个操作,如当扫描到某一个继电器"线圈"时,该线圈的触点产生动作,没有扫描到时,则触点不会动作,因此 PLC 运行过程中各个"线圈"状态的变化在时间上是串行的,称为"串行"工作方式,这种工作方式在实际使用时能够有效地避免继电器 – 接触器控制系统的触点竞争和时序失配的问题。目前,各类 PLC 产品的 CPU 运算速度大为提高,CPU 的执行时间普遍都已达到纳秒级别,因此使得外部显示的 PLC 输出结果从宏观上看似乎是同时完成的,但实际上程序运行过程是串行的。

PLC 完成一次循环所需的时间称为一个工作周期或扫描周期,用 T_0 表示。每个扫描周期大致可分为几个不同的工作阶段,每个工作阶段分别完成不同的任务。PLC 扫描工作流程图如图 2-8 所示。

26

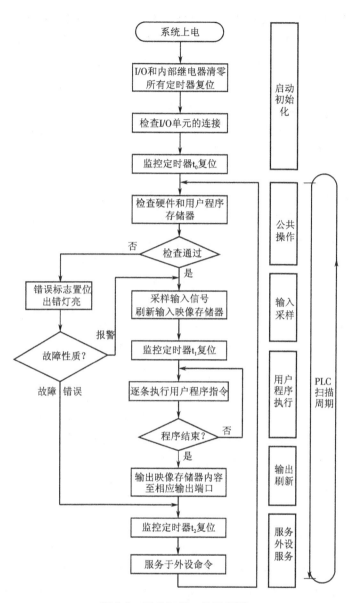

图 2-8　PLC 扫描工作流程图

　　为保证 PLC 运行的可靠性, PLC 在上电后会首先启动初始化进程并执行系统自检工作, 包括电源检测、清除 I/O 存储器、清除用户存储器、清除强制状态位、复位定时器、检查 I/O 单元连接是否正常、读取 DIP 开关设置等任务。自检过程中一旦发现异常情况, CPU 会立即诊断并显示故障信号, 上述操作全部结束后, PLC 方可进入正常的周期性扫描阶段。

　　实现程序运行的工作过程通常可分为三个阶段:输入采样阶段、用户程序执行阶段和输出刷新阶段, 完成上述三个阶段称为一个扫描周期。在整个 PLC 运行期间, CPU 始终以一定的扫描速度重复执行上述三个阶段的工作。

1. 输入采样

　　在输入采样阶段, 无论输入端口与外部信号是否接通, PLC 都会以扫描的方式依次采集所有输入端口,之后 PLC 将读取到的输入信号状态存入相应的输入映像寄存器中。此时,输入映像寄存器被刷新,随即 PLC 关闭输入端口,完成输入采样工作,转入下一级——用户程序执行阶段。在此期间,输入映像寄存器会将外部信号与 CPU 之间进行隔离,无论输入状态和数据如何变化,输入映像寄存器中的内容都不会发生改变,直到下一个扫描周期的输入刷新阶段才能重新采集新的信号,即输入映像寄存器每个扫描周期仅刷新一次。对于这种输入采样方法,虽然严格意义上说每个信号的采集时间并不连续,但由于 PLC 扫描周期通常时间很短,所以对一般的开关量而言,可以认为是连续的。

2. 用户程序执行

在用户程序执行阶段,根据 PLC 梯形图程序扫描原则,PLC 将从梯形图左母线的首地址 0000 开始,对每一条指令按照从左到右、从上到下的顺序执行程序,直至用户程序结束为止。在此期间,当指令中涉及输入、输出状态时,PLC 从输入映像寄存器中"读取"输入端口状态,从元件映像寄存器"读取"对应元件"软继电器"的当前状态,然后进行相应的逻辑运算,运算结果再存入元件映像寄存器中,输出信号则存入输出映像寄存器中,由输出锁存器保存。

在用户程序执行过程中,输入映像寄存器中的状态和数据不会发生变化,而输出状态寄存器中的状态和数据会随着程序运行结果随时变化,但输出状态锁存器的内容不变。如遇到跳转指令,则根据跳转条件是否满足来决定程序执行的方向。

3. 输出刷新

当扫描用户程序结束后,PLC 将进入输出刷新阶段。在此期间,CPU 将输出映像寄存器中的通/断状态存入输出锁存器,再经过输出电路隔离和功率放大后传送到 PLC 输出端口,驱动外部负载,此刻才是 PLC 的真正输出。若输出锁存器内容为"1",则输出继电器状态为"ON",继电器得电;反之,若输出锁存器内容为"0",则输出继电器状态为"OFF",继电器失电。

上述是由输入采样、用户程序执行和输出刷新三个工作阶段组成的一个完整的 PLC 扫描周期,即在系统软件的控制下,PLC 首先顺序扫描、读取各个输入端口的状态,其次根据用户程序进行逻辑运算,最后向各个输出端口发送相应的控制信号。在此过程中,每一时刻 PLC 只能完成一条指令的操作。只要 PLC 处于"RUN"的状态,当完成一次扫描周期后会自动转入下一个扫描周期反复循环工作,这一过程称为循环扫描的"串行"工作方式;而继电器 - 接触器控制系统采用"并行"方式工作,只要形成电流回路,就会有电气元件同时动作,这是两种电气控制方式最重要的区别之一。

2.2.3 PLC 的输入/输出滞后时间

PLC 具有很多优越的性能,但也存在不足之处,最显著的缺点就是 PLC 的输入/输出具有响应滞后现象。

由于 PLC 在工作过程中采用的是"串行"工作方式,在扫描期间进行公共处理、I/O 刷新和执行用户程序等操作过程都要顺序完成,因此 PLC 从输入端信号发生变化到有关输出端对该变化作出反应会需要一段时间,这一时间间隔称为 PLC 的响应时间或滞后时间,这种现象称为 PLC 输入/输出响应滞后现象。显然循环扫描周期是 I/O 响应出现滞后现象最主要的原因,即 PLC 扫描周期越长,I/O 滞后现象越严重。通常扫描周期的长短主要取决于三个因素:一是 CPU 的运行速度;二是每条指令占用的时间;三是指令条数的多少,即用户程序的长短。一般来说,在一个扫描周期中,输入采样阶段和输出刷新阶段所占用的时间较少,绝大部分是指令的执行时间。当用户程序较长时,指令执行时间在扫描周期中会占有相当大的比例,这样扫描周期就会越长,系统的响应速度就越慢,滞后时间会越长。

现如今小型 PLC 的扫描周期一般为几毫秒到几十毫秒,对于一般工业控制要求,这种滞后现象是完全允许的,而对于那些期望获得快速响应的控制系统来说,可以采用快速响应模块、高速计数模块以及中断处理功能等措施来缩短滞后时间。

产生 I/O 滞后现象除了上述扫描周期长短的原因之外,还与以下因素有关。

1. 输入滤波器对信号的延迟作用

PLC 输入电路中均设置有 RC 滤波器,主要用于消除由输入端口引起的干扰噪声以及因输入触点动作时的抖动而引起的不良影响。滤波器的时间常数决定了输入滤波时间的长短,滤波器的时间常数越大,对输入信号的延迟作用就越强。有些生产厂家的 PLC 产品允许用户修改和调节滤波器的时间常数。

2. 输出继电器存在机械滞后

输出继电器的机械滞后与 PLC 输出电路的输出方式有关。对于继电器输出型 PLC 而言,从继电器线圈得电到触点动作存在一定的输出延迟,这一延迟时间由 PLC 的硬件决定。对于不同型号的 PLC,延迟时间的大小均不同,其具体数值可以查阅相关用户手册。对于要求快速响应的场合,尽量不要采用继电器型输出,在满足驱动的条件下可以选用晶闸管型输出。

3. 用户程序的长短及程序的优化

对于用户来说,需要提高编程能力并尽可能优化程序,在编写大型设备的控制程序时,应尽量减小程序长度,还可以通过选择分支或跳步程序等手段减少用户程序执行时间。

因为 PLC 采用的是周期循环扫描工作方式,因此决定了响应时间的长短与收到输入信号的时刻有关。响应时间可以分为最短响应时间和最长响应时间。

4. 最短响应时间

如果在第 $n-1$ 个扫描周期刚刚结束时收到一个输入信号,在第 n 个扫描周期一开始这个信号就被采样,使输出更新,则这一时刻响应时间最短,称为最短响应时间。最短响应时间可以用下式表示:

最短响应时间 = 输入延迟时间 + 1 个扫描周期 + 输出延时时间

5. 最长响应时间

如果在第 n 个扫描周期刚执行完输入刷新后输入才发生变化,则在该扫描周期内这个信号不会再产生作用,只有等到第 $n+1$ 个扫描周期的输入刷新阶段才能被采样,经输出刷新阶段更新后,输出作出反应,这一时刻响应时间最长,称为最长响应时间。最长响应时间可以用下式表示:

最长响应时间 = 输入延迟时间 + 2 个扫描周期 + 输出延时时间

2.2.4 PLC 的主要性能指标

PLC 的主要性能指标有以下几种。

1. I/O 点数

I/O 点数是指 PLC 在组成控制系统时所能接入的输入和输出信号最大数量之和,即 PLC 外部输入、输出端子的总数。它是衡量 PLC 性能的重要指标之一,其数量的多少可以决定 PLC 系统的最大控制规模,I/O 点数越多,PLC 控制规模就越大。用户可以根据实际生产过程中输入、输出信号的数量和类型选择不同种类的 PLC 以及相应的 I/O 单元模块。通常人们按照 I/O 点数的多少来划分 PLC 机型的大小,如小型机的 I/O 点数在 256 以下,中型机的 I/O 点数为 258 ~ 2 048,大型机的 I/O 点数为 2 048 以上。

2. 存储器容量

存储器容量一般是指用户程序存储器的容量,它决定了 PLC 可以容纳用户程序的长短,一般以"字"为单位,每 16 位二进制数为一个字,每 1 024 个字为 1 K 字。有的 PLC 中存放的程序指令以"步"为单位计算,每一步占用一个地址单元,一个地址单元占用两个字节,通常一条指令为一步,功能复杂的基本指令以及特殊指令需要若干步。不同厂家、型号的 PLC 程序容量均不相同,例如欧姆龙 CJ1M – CPU22 型 PLC 的程序容量为 10 K 步,而 CJ1M – CPU23 型 PLC 的程序容量为 20 K 步。

3. 扫描速度

扫描速度是指 PLC 执行用户程序的速度,它是衡量 PLC 性能的重要指标。一般定义为执行 1 K 步用户指令所需要的时间,单位为"ms/K 步"。在 PLC 生产厂家的用户手册中均会给出各条基本指令和专用指令所用的执行时间,用户可以根据此数据比较各种 PLC 产品在执行相同操作时使用的时间来衡量扫描速度的快慢。

4. 编程指令的种类和功能

编程指令的种类和功能也是衡量 PLC 性能的重要指标,编程指令的种类和数量越多,指令功能越强,则 PLC 的处理和控制能力越强,用户程序也越简单,完成复杂的控制目标就越容易。

5. 内部寄存器的种类与数量

在编制 PLC 程序时,经常需要使用大量的内部寄存器来存放变量、中间结果、保持数据、定时计数、模块设置和各种标志位等信息。寄存器的种类和数量越多,表示 PLC 的存储和处理各种信息的能力就越强。

6. 可扩展能力

PLC 可以通过添加 I/O 扩展单元来实现 I/O 点数的扩展、存储容量的扩展、联网功能的扩展、各种功能模块的扩展等。在进行 PLC 选型时,经常需要考虑 PLC 的可扩展能力。

7. 特殊功能单元

近年来,PLC 生产厂商都非常重视对特殊功能单元的研发,特殊功能单元的种类日益增多,功能越来越强,PLC 不但能实现开关量的逻辑控制,而且利用特殊功能单元还可以实现模拟量控制、温度控制、位置和速度控制以及通信联网等功能,这些特殊功能单元的使用为

PLC 的控制智能化、网络化、专业化提供了基础。

本章小结

本章以欧姆龙 CJ1M 系列 PLC 为例,首先介绍了 PLC 的基本结构和组成,在此基础上对 PLC 工作原理进行了详细论述,指出 I/O 滞后现象及解决办法。通过这一章的学习,读者对 CJ1M 系列 PLC 的硬件、软件都有了初步的认识,可为后续章节指令使用及编程方法的学习作好准备。

思考题与习题

1. PLC 有哪些组成部分,各部分的功能是什么?

2. PLC 可采用哪些语言编程,各有何特点?

3. 开关量输入模块有哪几种类型,开关量输出模块有哪几种类型,它们的区别是什么?

4. PLC 的工作过程分为哪几个工作阶段,各自完成什么任务?

5. 什么是 PLC 的扫描周期?

6. 什么是 PLC 的输入/输出滞后现象,造成这种现象的原因是什么,可采取哪些措施缩短滞后时间?

7. PLC 的主要性能指标包括哪些?

第3章　可编程序控制器的继电器及其地址分配

◆本章要点

1. 了解可编程序控制器的数据结构。
2. 了解欧姆龙 C 系列 P 型机的继电器及其地址编号。
3. 掌握欧姆龙 CJ1M 系列 PLC 的继电器及其地址编号。

PLC 是以微处理器为核心的工业计算机控制系统，其内部的存储单元可分为三个区域：用户程序存储区、I/O 存储区和参数区。

用户程序存储区主要用于存放用户编写的控制程序，它可以是 RAM、EPROM 或 E^2PROM 存储器，这些类型的存储器都具有数据的掉电保护功能，并且可以由用户任意进行修改和调试。

I/O 存储区是指令操作数可以访问的区域，主要用于存储输入/输出数据和中间变量以及提供定时器、计数器、寄存器等软元件，还包括系统程序所使用和管理的系统状态和标志信息。它包括 CIO 区、工作区（W）、保持区（H）、辅助区（A）、暂存区（TR）、数据存储区（DM）、数据扩展存储区（EM）、定时器区（T）、计数器区（C）、任务标志区（TK）、数据寄存器（DR）、变址寄存器（IR）、条件标志区和时钟脉冲区等。

参数区包括各种不能由指令操作数设定的设置，这些设置只能由编程装置设定，如 PLC 设置、I/O 表、路由器表和 CPU 总线单元设置等。

PLC 对内部存储单元的访问采用"通道"（CH）和"位"（bit）的寻址方式，两者的状态代表了内部编程元件的状态，因此对于用户来说，可以不用理会存储器内部的复杂结构，使用时只要将 PLC 看成是由许多继电器、定时器、计数器等器件构成的控制器即可，只是这些继电器的通/断是由软件来控制的，因此称之为"软继电器"。如欧姆龙公司对 PLC 内存单元中的 I/O 存储区的划分就将 I/O 存储区划分为若干个继电器区，每一个继电器区又被划分成若干个连续的"通道"（也称为"字"），每一个通道都由 16 个二进制"位"组成，序号分别为 00 位、01 位、02 位、……、15 位，每一个位就代表一个"软继电器"（简称继电器），因此一个通道就具有 16 个继电器。当某一位逻辑为 1 时，表示此继电器线圈得电（ON），其常开触点"闭合"；当某一位逻辑为 0 时，表示此继电器线圈失电（OFF），其常开触点"断开"。每个通道都由 3~5 个数字组成通道号来标识其通道地址，通道中的每个继电器也有一个唯一的地址，即所在通道的通道号后加上"."，再加上数字 00~15，即表示各继电器在通道中的具体位置，这样整个数据存储器区中的任意一个通道、任意一位都可以用通道号和位号唯一表示。

以下首先介绍 PLC 存储单元中的常用术语。

3.1 PLC 数据区结构

3.1.1 常用术语

在描述 PLC 软元件及性能指标时会经常使用到以下相关术语:位(bit)、数字(digit)、字节(byte)、通道(channel)或字(word)、K 字、步(step)。

(1)位:二进制数的一位,状态取值仅为 1 或 0,分别对应于继电器线圈得电(ON)或失电(OFF)以及其触点的闭合(ON)或断开(OFF)。

(2)数字:4 位二进制数可组成一个数字,这个数字可以是 0 ~ 9(用于十进制数的表示),也可以是 0 ~ F(用于十六进制数的表示)。

(3)字节:2 个数字或 8 位二进制数可以组成一个字节,其中第 0 位为最低位,第 7 位为最高位。

(4)字:2 个字节可以组成一个字,字也称为通道(CH),一个通道包含有 16 位(即 2 个字节,16 个继电器)。习惯上,字与通道可以相互代替。

(5)K 字:表示数据存储容量,1 K = 1 024 字,1 字 = 16 位。

(6)步:表示 PLC 数据存储容量的一种计算方式,它是指由梯形图指令转化为助记符号后所占用的存储空间大小。不同的程序编写方式转化后的助记符号都不一样,因此每一条指令根据不同系统的数据存取、计算方式占用不同的执行步数。

3.1.2 数据格式

为了实现准确、高效的工业控制过程,需要 PLC 系统在运行过程中不断地读取、调用各种类型的数据和参数,而这些数据都必须存放于 PLC 内存单元中,它的存取及调用方式完全由系统程序自动处理。如欧姆龙 CJ1 系列 PLC 中的数据格式包括有二进制(十六进制)、BCD 码和浮点数三种形式,具体数据格式如表 3-1 所示。

表 3-1 数据格式

数据类型	数据格式		十进制范围	十六进制范围
不带符号的二进制数据	二进制: 2^{15} 2^{14} 2^{13} 2^{12} 2^{11} 2^{10} 2^9 2^8 2^7 2^6 2^5 2^4 2^3 2^2 2^1 2^0 十进制: 32768 16384 8192 4096 2048 1024 512 256 128 64 32 16 8 4 2 1 十六进制: 2^3 2^2 2^1 2^0 2^3 2^2 2^1 2^0 2^3 2^2 2^1 2^0 2^3 2^2 2^1 2^0		0 ~ 65535	0 ~ FFFF

数据类型	数据格式		十进制范围	十六进制范围
带符号的二进制数据			$-32768 \sim +32767$	$8000 \sim 7FFF$
BCD 数据			$0 \sim 9999$	$0 \sim 9999$
单精度浮点数据				
双精度浮点数据				

需要注意的是,PLC 中所使用的常数一定要加上相应的前缀符号,具体格式如表 3-2 所示。

表 3-2　不同数据格式的常数

方式	使用的操作数	数据格式	前缀	数据范围
16 位常数	所有二进制数据和一定范围之内的二进制数据	不带符号的二进制	#	#0000 ~ #FFFF
		带符号的十进制	±	-32768 ~ +32767
		不带符号的十进制	&	&0 ~ &65535
	所有 BCD 数据和一定范围之内的 BCD 数据	BCD	#	#0000 ~ #9999
32 位常数	所有二进制数据和一定范围之内的二进制数据	不带符号的二进制	#	#00000000 ~ #FFFFFFFF
		带符号的十进制	±	-2147483648 ~ +2147483647
		不带符号的十进制	&	&0 ~ &4294967295
	所有 BCD 数据和一定范围之内的 BCD 数据	BCD	#	#00000000 ~ #99999999

3.2 继电器和继电器编号

对于不同厂家、不同系列的 PLC,其内存单元的地址分配也不尽相同,因此用户在编写 PLC 程序之前,必须了解所选 PLC 的继电器功能及其地址编号。本节将首先简要介绍欧姆龙 C 系列 P 型机的继电器功能及其地址编号,再详细叙述欧姆龙 CJ1M 系列 PLC 的继电器功能及其地址编号。

3.2.1 欧姆龙 C 系列 P 型机的继电器及其地址编号

欧姆龙 C 系列 P 型机在整个数据存储器区设置有输入继电器(X)、输出继电器(Y)、内部继电器(AR)、保持继电器(HR)、暂存继电器(TR)、专用内部继电器(SR)、定时器/计数器(TIM/CNT)、64 个数据存储通道(DM)和一个高速计数器 FUN(98)。以上各继电器线圈(除输入继电器和专用内部继电器线圈外)和触点(含常开触点和常闭触点)均为 PLC 的编程元件。

1. 输入继电器(X)

输入继电器示意图如图 3-1 所示。输入继电器是 PLC 负责接收外部输入信号的"窗口",它与 PLC 的输入端子相连,并且带有常开触点和常闭触点供编程时使用,同一编号的触点可无限次使用。输入继电器只能由外部信号驱动,不能被程序指令驱动。

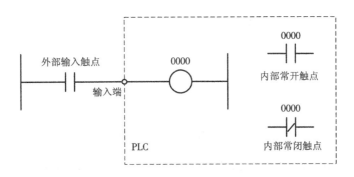

图 3-1 输入继电器示意图

C 系列 P 型机的输入继电器共占用 5 个通道,即 00 ~ 04CH。每个通道有 16 个继电器,即 00 ~ 15。因此,输入继电器编号范围为 0000 ~ 0415,共 80 个点。

2. 输出继电器(Y)

输出继电器示意图如图 3-2 所示。输出继电器是 PLC 用来传递信号到外部负载的器件。输出继电器拥有一个外部输出的常开触点,可按照程序的执行结果被驱动,内部也有许多常开、常闭触点供编程时使用。

C 系列 P 型机的输出继电器共占用 5 个通道,即 05 ~ 09CH。每个通道有 12 个继电器,即 00 ~ 11,其余 4 个继电器(即 12 ~ 15)是用来执行 PLC 内部操作的辅助继电器,因此输出继电器编号范围为 0500 ~ 0911,共 60 个点。

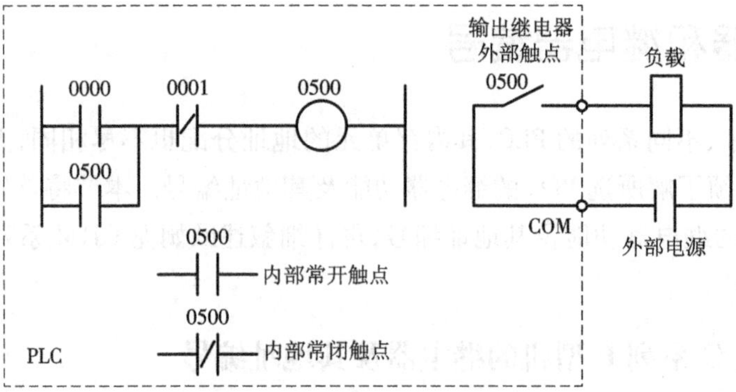

图 3-2　输出继电器示意图

3. 内部继电器（AR）

内部继电器示意图如图 3-3 所示。内部继电器是专供逻辑运算使用的 PLC 内部编程元件。它不能直接驱动外部设备，但可以由 PLC 中各种继电器的触点驱动，其作用类似于继电器 – 接触器控制系统中的中间继电器，每个内部继电器带有若干对常开和常闭触点供编程时使用。

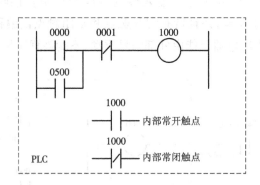

图 3-3　内部继电器示意图

C 系列 P 型机的内部辅助继电器共占用 9 个通道，即 10 ~ 18CH，继电器编号为 1000 ~ 1807，共 136 个点，其余 18CH 中的 1808 ~ 1815 分配给专用内部继电器（SR）。

4. 保持继电器（HR）

保持继电器具有掉电保护功能，当电源突然中断时，保持继电器可以保持 PLC 当前的状态。如果某些控制对象需要保存掉电前的信息以便在 PLC 恢复工作时再现这些状态，这时就需要使用保持继电器。

C 系列 P 型机的保持继电器共占用 10 个通道，即 HR0 ~ HR9CH，继电器编号为 HR000 ~ HR915，当 KEEP（FUN11）指令指定继电器为 HR 并且作为一个锁存器时，HR 具有掉电保持功能。若 PLC 掉电，HR 可以保持掉电前的状态，一旦 PLC 恢复供电，HR 将恢复原来的数据信息。

5. 暂存继电器（TR）

暂存继电器主要用于具有分支节点的梯形图程序的编程，它可以把分支节点的数据暂时储存起来。暂存继电器可以不按顺序分配,在同一程序段内不得重复使用相同的继电器编号,但在不同的程序段内可以使用相同的继电器编号。

C 系列 P 型机提供了 8 个暂存继电器,其通道编号为 TR0 ~ TR7,在使用暂存继电器时,必须在继电器编号之前冠以"TR"以示区别,如 TR0、TR2 等。

6. 数据存储继电器(DM)

数据存储继电器实际上是 RAM 中的一个区域,又称为数据存储区(简称 DM 区)。数据存储区不能以单独的点来使用,只能以通道为单位进行操作,且编程时需要在通道号前标注"DM"。当 PLC 电源中断时,DM 区具有掉电保护功能。

C 系列 P 型机的数据存储区共占用 64 个通道,即 DM00CH ~ DM63CH,每个通道有 16 位(bit),可存放 4 位十六进制数(BIN 码)或 4 位十进制数(BCD 码)。

7. 定时器/计数器(TIM/CNT)

C 系列 P 型机共设置了 48 个定时器/计数器,即 00 ~ 47,编号为 TIM00 ~ TIM47 或 CNT00 ~ CNT47。使用时,某一编号只能用作定时器或计数器,不能同时既用作定时器又用作计数器,如已使用了 TIM002,就不能再出现 CNT002,反之亦然。当使用高速计数器指令时,CNT47 这个计数器不能再单独使用,因为它在高速计数器指令中被用作存放计数的当前值。定时器、计数器不能直接产生输出,若要输出则需要通过输出继电器。当电源掉电时,定时器复位,而计数器不复位,因此具有掉电保护功能。

8. 专用内部继电器(SR)

C 系列 P 型机具有 16 个专用内部继电器(Special Internal Relay),其地址编号为 1808 ~ 1907。这 16 个专用内部继电器分别表示 PLC 的工作状态。各继电器功能说明如下。

1808:常为 OFF,CPU 中锂电池电压过低(失效)时为 ON。

1809:常为 OFF,CPU 扫描周期 T_0 超过 100 ms 时为 ON。

1810:常为 OFF,高速计数器 FUN98 硬件复位端 0001 接收到复位信号(0001 位 ON),FUN98 被置为 0 时,1810 为 ON 一个扫描周期的时间。

1811:常为 OFF。

1812:常为 OFF。

1813:常为 ON。

1814:常为 OFF。

1815:常为 OFF,在 PLC 开始运行后为 ON 一个扫描周期的时间。

1900:PLC 接通电源后产生 0.1 s 的时钟脉冲,接通时间为 50 ms。当此继电器与一个计数器连用时,其功能相当于一个定时器,此定时器在电源发生故障时,能够保持当前值。

1901:PLC 接通电源后产生 0.2 s 的时钟脉冲,接通时间为 0.1 ms,其功能与 1900 相同。

1902:PLC 接通电源后产生 1 s 的时钟脉冲,接通时间为 0.5 ms,其功能与 1900 相同。

1903:常为 OFF,当算术运算结果不以 BCD 码的形式输出,或执行 BIN(FUN23)、BCD(FUN24)指令中操作数大于 9999 时,1903 为 ON。

1904:常为 OFF,进位标志。当算术运算结果有进位或借位时,1904 为 ON。可采用置位指令 STC(FUN40)强制 1904 为 ON,采用清除进位指令 CTC(FUN41)强制 1904 为 OFF。

1905：比较两个操作数，当第一个操作数大于第二个操作数时为 ON。

1906：比较两个操作数，当第一个操作数与第二个操作数相等时为 ON，在算术运算结果为 0 时也为 ON。

1907：比较两个操作数，当第一个操作数小于第二个操作数时为 ON。

3.2.2　欧姆龙 CJ1M 系列 PLC 的继电器及其地址编号

欧姆龙 CJ1M 系列 PLC 将内部软元件分为两大类：输入/输出器件和内部器件，具体分配方式如表 3-3 所示。具体功能及用法将在下文中一一说明。

表 3-3　CJ1M 系列 PLC 内存区分配方式

内存区		容量	范围	内存区	容量	范围
CIO 区	I/O 区	1280 位 80 字	CIO0000 ~ CIO0079	工作区	8192 位 512 字	W000 ~ W511
	Data Link 区	3200 位 200 字	CIO1000 ~ CIO1199	保持区	8192 位 512 字	H000 ~ H511
	CPU Bus Unit 区	6400 位 400 字	CIO1500 ~ CIO1899	辅助区	15360 位 960 字	A000 ~ A959
	Special I/O 区	15360 位 960 字	CIO2000 ~ CIO2959	暂存区	16 位	TR0 ~ TR16
	内置 I/O 区	10 位 +6 位 (1 字 +1 位)	CIO2960 ~ CIO2961	数据存储区	32768 字	D00000 ~ D32767
	串行 PLC 链接区	1440 位 90 字	CIO3100 ~ CIO3189	扩展数据区	32768 字	E0 _ 00000 ~ E2 _ 32767
	Device Net 区	9600 位 600 字	CIO3200 ~ CIO3799	定时器/计数器 当前值	4096 字	T/C0000 ~ T/C4095
	内部 I/O 区	4800 位 300 字	CIO1200 ~ CIO1499	定时器/计数器 完成标志	4096 字	T/C0000 ~ T/C4095
		37504 位 2344 字	CIO3800 ~ CIO6143	任务标志区	32 位	TK00 ~ TK31
条件标志区		14 位	CF000 ~ CF011 CF113 ~ CF114	时钟脉冲区	5 位	CF100 ~ CF104

输入/输出器件也称为映射器件，是 PLC 内存区中与输入/输出模块相映射的区域。与输入点、输入通道对应的称为输入继电器，与输出点、输出通道对应的称为输出继电器。如果系统中安装有模拟量模块或其他智能模块，则还包括与其他相关的数据映射区，这些区域统称为 CIO 区。

内部器件主要用于存放中间变量，与硬件没有映射关系。CJ1M 系列 PLC 的内部元件包括工作区（W 区）、保持区（H 区）、辅助区（A 区）、暂存区（TR）、定时器区（TIM 区）、计数器区（CNT 区）、数据存储器区（DM 区）、扩展数据存储器区（EM 区）、变址寄存器区（IR 区）、数据寄存器区（DR 区）、任务标志区（TK 区）、条件标志区及时钟脉冲。

1. CIO 区（核心 I/O 区）

CIO 区也称核心 I/O 区，是外部输入/输出设备在 PLC 中的状态映像区，通常用于各单元 I/O 刷新时的数据交换。CIO 区既可以采用字(或通道)寻址,也可以采用位寻址。当采用字寻址时,只需要使用 4 位数字表示某一个 I/O 字(或 I/O 通道)即可;若采用位寻址,则需要在字号后再添加小数点及 2 位数字,共 6 位数字来表示某一个 I/O 位(相当于一个继电器),当定义 CIO 区内的地址时,不必输入前缀词“CIO”。例如“1”通道可以表示为 0001CH 或 0001,而不是 CIO0001,这是其特殊之处,除此之外其他继电器区的通道地址前则必须添加相应区域的前缀符号。CIO 区主要包括以下存储区域:基本 I/O 区、特殊 I/O 单元区、内部 I/O 区、数据链接区、CPU 总线单元区、内置 I/O 区、串行 PLC 链接区、DeviceNet 区,本书仅对前三种存储区域作详细介绍,其他存储区域的使用方法详见各型号操作手册。

1) 基本 I/O 区

基本 I/O 区中的各个位可以与外部物理设备建立联系,某一个基本 I/O 单元占用的通道号(即地址)是由它在机架中的安装位置决定的。按照机架上“槽”的位置(从左至右)和每个单元需要的字数,将字分配给 I/O 单元。字的分配必须是连续的并且跳过空的槽,每个通道最多可有 16 个 I/O 端子,I/O 区中未分配给 I/O 单元的字或位只能作为工作字或工作位来存储中间变量。而被 I/O 单元所占用的字和位都将以 I/O 登记表的形式存入用户存储器中,以备 CPU 操作时使用。

当基本 I/O 区的位分配给输入单元时,I/O 区中的一个位称为一个输入位。输入位反映了设备的 ON/OFF 状态,如按钮开关、限位开关、光电开关等。用户编程时可根据需要按任意顺序、无限次地使用这些输入位,但这些位不能用于输出指令中。当基本 I/O 区的位分配给输出单元时,I/O 区中的一个位称为一个输出位。一个输出位的 ON/OFF 状态会输出到外部设备,如电动机、电磁阀等。在同一程序中,每个输出位只能被输出一次,但其触点可以无限次地用于其他输出的条件。PLC 共有 3 种刷新输入/输出点状态的方式:正常 I/O 刷新、立即刷新、IORF(097)刷新。

2) 内部 I/O 区

在 CIO 区中未分配给基本 I/O 单元使用的字或位可以作为内部辅助继电器来使用,这些位可用作编程中的工作位以控制程序执行,从而使 PLC 更好地进行各种复杂控制。使用时这些内部辅助继电器可以作为中间变量使用,相当于继电器 – 接触器控制系统中的中间继电器,其触点仅用于 PLC 内部编程,不能用于与外部 I/O 端子的信息交换。通常,内部辅助继电器的数量从另一个侧面可以反映出 PLC 的控制性能。

CJ1M 系列 PLC 中在 CIO 区未使用的字包括有两组地址范围,分别为 CIO1200.00 ～ CIO1499.15 和 CIO3800.00 ～ CIO6143.00。

3) 特殊 I/O 单元区

特殊 I/O 单元区的通道(字)可以分配给特殊 I/O 单元用于传输数据和参数,如单元的操作状态、模拟量信号的输入及输出等。特殊 I/O 单元可根据其自身来设定单元号(由单元模块上的设定开关来设定),单元编号可在 0～95 选定。设定好后,系统为每个单元号分配 10 个 I/O 通道和 100 个字的 D 区为其专用。有的特殊 I/O 单元可能需要 20 个通道和 200 个字的 D 区为其专用,因此实际使用时需要参考相关操作手册。

CJ1M 系列 PLC 最多可配置 40 个特殊 I/O 单元,主机架上最多配置数为 10 个单元。每个特殊 I/O 单元区共有 960 个字,地址范围为 CIO2000 ~ CIO2959,具体地址分配方式如表 3-4 所示。根据每个特殊 I/O 单元的编号设置会分配给特殊 I/O 单元区内 10 个 I/O 通道及 100 个字的 D 区。例如:设一特殊 I/O 单元的单元号为 N,则其在特殊 I/O 单元区内占用 I/O 通道为

$$2000 + N \times 10 \sim 2000 + N \times 10 + 9$$

占用 D 区的地址为

$$D20000 + N \times 100 \sim D20000 + N \times 100 + 99$$

需要说明的是,对每组特殊 I/O 单元,其对应的单元号不能重复,否则 PLC 将产生致命错误。

表 3-4 特殊 I/O 单元区地址分配

单元编号	分配字
0	CIO2000 ~ CIO2009
1	CIO2010 ~ CIO2019
2	CIO2020 ~ CIO2029
3	CIO2030 ~ CIO2039
4	CIO2040 ~ CIO2049
5	CIO2050 ~ CIO2059
6	CIO2060 ~ CIO2069
7	CIO2070 ~ CIO2079
8	CIO2080 ~ CIO2089
9	CIO2090 ~ CIO2099
10(A)	CIO2100 ~ CIO2109
11(B)	CIO2110 ~ CIO2119
12(C)	CIO2120 ~ CIO2129
13(D)	CIO2130 ~ CIO2139
14(E)	CIO2140 ~ CIO2149
15(F)	CIO2150 ~ CIO2159
16	CIO2160 ~ CIO2169
17	CIO2170 ~ CIO2179
...	...
95	CIO2950 ~ CIO2959

例 3-1 一台 CJ1M(CPU22)系列 PLC 系统基本结构如图 3-4 所示,根据各单元型号配置得出 I/O 分配,如表 3-5 所示。

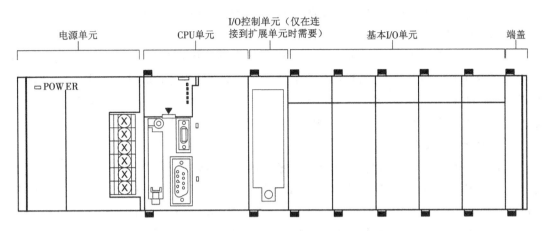

图 3-4　CJ1M(CPU22)系列 PLC 系统基本结构

表 3-5　例 3-1 系统单元组成及地址分配表

序号	单元型号	组成单元	分配字	单元号	CIO 地址
1	CJ1W-ID211	16 点直流输入单元	1	0	0000
2	CJ1W-OC211	16 点直流输出单元	1	1	0001
3	CJ1W-ID261	64 点直流输入单元	4	—	0002 ~ 0005
4	CJ1W-OD261	64 点晶体管输出单元	4	—	0006 ~ 0009
5	CJ1W-AD041 – V1	4 点模拟量输入单元	10	2	$2000 + 10 \times 2 = 2020$
6	CJ1W-DA021	2 点模拟量输出单元	10	3	$2000 + 10 \times 3 = 2030$

2. 工作区(W 区)

CJ1M 系列 PLC 的工作区共有 512 个字,地址范围为 W000 ~ W511(位地址为 W000.00 ~ W511.15)。这些工作字或工作位在使用时只能在程序中作为工作字,而不能用于外部 I/O 端子。它可以按字寻址,也可以按位寻址,但在字号或位号前需加上字符"W"以区别于其他存储区域。尽管在 CIO 区中没有使用的字(如 CIO1200 ~ CIO1499 和 CIO3800 ~ CIO6143)也可以用于程序中,但应优先使用工作区中可用的字。

3. 保持区(H 区)

CJ1M 系列 PLC 的保持区共有 512 个字,地址范围从 H000 ~ H511(位地址为 H000.00 ~ H511.15)。保持区既可以按字寻址,也可以按位寻址,但需要在字号或位号前加上字符"H"以区别于其他存储区域。保持区内的字只能用于控制程序的执行,保持区内的位可以任何顺序在程序中使用,可用作常开或常闭条件并且可以任意多次调用。当 PLC 电源循环时,或者 PLC 的操作模式从 PROGRAM 改变为 RUN 或者 MONITOR 模式,或情况相反时,保持区的数据将保持不变。

4. 辅助区(A 区)

CJ1M 系列 PLC 的辅助区共有 960 个字,地址范围为 A000 ~ A959。这些字已预先分配给标志和控制位用于监视和控制操作。其中,A000 ~ A447 是只读的,A448 ~ A959 通过程序或者编程设备可读可写。此外,辅助区中的位不能持续强制置位和强制复位。

5. 暂存区(TR 区)

CJ1M 系列 PLC 的暂存区包括 16 个位,地址范围为 TR0 ~ TR15。这些暂存区可临时保存分支指令块 ON/OFF 状态,当有几个输出分支并且不能使用连锁时,这时 TR 位是非常有用的,并且 TR 位只能用在 OUT 和 LD 指令中,OUT 指令(OUT TR0 ~ OUT TR15)存储分支点的 ON/OFF 状态,而 LD 指令则是调用保存的支路点的 ON/OFF 状态。

6. 定时器区(TIM 区)

CJ1M 系列 PLC 为用户提供了 4 096 个定时器,定时器编号为 T0000 ~ T4095。这些地址被 TIM、TIMX(550)、TIMH(015)、TIMHX(551)、TIMHH(540)、TIMHHX(552)、TTIM(087)、TTIMX(555)、TIMW(813)、TIMWX(816)、TIMHW(815)和 TIMHWX(817)指令共享,用于访问这些指令的定时器完成标志和当前值(PV),其中定时器区当前值只能以通道形式访问,但完成标志能够以位的形式访问。需要注意的是,定时器区寻址时需要在地址号前加上前缀"T",而且两个定时器指令不能使用相同的定时器编号,否则无法正确操作,定时器没有掉电保护功能。

7. 计数器区(CNT 区)

CJ1M 系列 PLC 为用户提供了 4 096 个计数器,计数器编号为 C0000 ~ C4095。这些地址被 CNT、CNTX(546)、CNTR(012)、CNTRX(548)、CNTW(814)、CNTWX(818)指令共享,用于访问这些指令的计数器完成标志和当前值(PV),其中计数器区当前值只能以通道形式访问,但完成标志可以位的形式访问。需要注意的是,计数器区寻址时需要在地址号前加上前缀"C",而且两个计数器指令不能使用相同的计数器编号,否则无法正确操作。

8. 数据存储区(DM 区)

CJ1M 系列 PLC 的数据存储区共有 32 768 个字,地址范围为 D00000 ~ D32767,这些数据区地址可以用于通用数据的存储,并且只能以字为单位进行存取和管理,不能用于操作指令,但可以使用 BIT TEST、TST(350)和 TSTN(351)指令访问这些位的状态。需要注意的是,数据存储区寻址时需要在字号前加上前缀"D"。

DM 区作为数据处理和存储时,DM 字可以采用二进制模式和 BCD 模式间接访问。当 PLC 电源转为 OFF 或操作模式改变时,DM 区的数据将保持不变。

9. 扩展数据区(EM 区)

CJ1M 系列 PLC 的扩展数据区共分为 7 个组(Bank,0 ~ 6),每个组包含 32 768 个字,地址范围为 E0 _ 00000 ~ E6 _ 32767。该数据区主要用于常规数据保存和处理,并且只允许字访问。当 PLC 电源转为 OFF 或操作模式改变时,EM 区的数据将保持不变。

EM 区作为数据处理和存储时,EM 区与 DM 区同样具有二进制和 BCD 两种间接访问模式。虽然 EM 区中的位不能直接存取,但可以使用 BIT TEST、TST(350)和 TSTN(351)指令访问这些位的状态。

CJ1M 系列 PLC 采用两种方法来指定一个 EM 地址:一种是同时指定 Bank 和地址,即在 EM 地址前指定 Bank 编号,如地址号为 E1 _ 00100 指定 1#存储单元中 EM 地址 00100;另一种是指定在当前 Bank 中的一个地址,如地址号为 E00100 指定当前 Bank 中的 EM 地址 00100。

10. 变址寄存器区(IR 区)

CJ1M 系列 PLC 共有 16 个变址寄存器(IR0 ~ IR15)用于间接寻址。它可以作为指针,通过它的值指向 PLC 的 I/O 内存区地址,以实现对数据区的间接访问。

11. 数据寄存器区(DR 区)

CJ1M 系列 PLC 共有 16 个数据寄存器(DR0 ~ DR15)。当间接寻址字地址时,这 16 个数据寄存器可用作变址寄存器中 PLC 存储地址的偏移量。将数据寄存器的值加到变址寄存器中的 PLC 存储地址上,可指定一个位或字在 I/O 存储区中的绝对地址。由于数据寄存器包含有符号的二进制数,因此变址寄存器的内容能够向前或者向后地址偏移。

12. 任务标志区(TK 区)

CJ1M 系列 PLC 任务标志范围为 TK00 ~ TK31,并且对应于周期任务 0 ~ 31。当一个周期任务处在可执行状态(RUN),相应的任务标志为 ON;当一个周期任务没有执行(INI)或者处在等待状态(WAIT)时,则相应的任务标志为 OFF。

13. 特殊标志字

CJ1M 系列 PLC 中使用了一些特殊的标志字(或位),但是这些标志字没有实际对应的内存区地址,只是对应辅助区的某些通道或位。用户在编写梯形图程序时可以通过 CX-Programmer 软件从下拉列表中挑选使用,非常方便。CJ1M 系列 PLC 特殊标志位功能详细说明如表 3-6 所示。

表 3-6　CJ1M 系列 PLC 特殊标志位功能

名称	数据类型	地址号	功能
P_OFF	BOOL	CF114	常断标志
P_ON	BOOL	CF113	常通标志
P_1min	BOOL	CF104	1 min 时钟脉冲
P_0_02s	BOOL	CF103	0.02 s 时钟脉冲
P_1s	BOOL	CF102	1.0 s 时钟脉冲
P_0_2s	BOOL	CF101	0.2 s 时钟脉冲
P_0_1s	BOOL	CF100	0.1 s 时钟脉冲
P_AER	BOOL	CF011	访问错误标志
P_UF	BOOL	CF010	下溢出(UF)标志
P_OF	BOOL	CF009	上溢出(OF)标志
P_N	BOOL	CF008	负数(N)标志
P_LT	BOOL	CF007	小于(LT)标志
P_EQ	BOOL	CF006	等于(EQ)标志
P_GT	BOOL	CF005	大于(GT)标志
P_CY	BOOL	CF004	进位(CY)标志
P_ER	BOOL	CF003	指令执行错误(ER)标志

名称	数据类型	地址号	功能
P_LE	BOOL	CF002	小于或等于(LE)标志
P_NE	BOOL	CF001	不等于(NE)标志
P_GE	BOOL	CF000	大于或等于(GE)标志
P_Output_OFF_Bit	BOOL	A500.15	输出关闭位
P_EMC	WORD	A473	EMC 区参数
P_EMB	WORD	A472	EMB 区参数
P_EMA	WORD	A471	EMA 区参数
P_EM9	WORD	A470	EM9 区参数
P_EM8	WORD	A469	EM8 区参数
P_EM7	WORD	A468	EM7 区参数
P_EM6	WORD	A467	EM6 区参数
P_EM5	WORD	A466	EM5 区参数
P_EM4	WORD	A465	EM4 区参数
P_EM3	WORD	A464	EM3 区参数
P_EM2	WORD	A463	EM2 区参数
P_EM1	WORD	A462	EM1 区参数
P_EM0	WORD	A461	EM 区参数
P_DM	WORD	A460	DM 区参数
P_HR	WORD	A452	HR 区参数
P_WR	WORD	A451	WR 区参数
P_CIO	WORD	A450	CIO 区参数
P_IO_Verify_Error	BOOL	A402.09	I/O 确认错误标志
P_Low_Battery	BOOL	A402.04	电池电量低标志
P_Cycle_Time_Error	BOOL	A401.08	循环时间错误标志
P_Cycle_Time_Value	UDINT	A264	当前扫描时间
P_Max_Cycle_Time	UDIN	A262	最大循环次数
P_First_Cycle_Task	BOOL	A200.15	第一次任务执行标志
P_Step	BOOL	A200.12	步标志
P_First_Cycle	BOOL	A200.11	第一次循环标志

14. 时钟脉冲

时钟脉冲是由 PLC 系统产生的,按一定时间间隔转换 ON 和 OFF 的标志,它们是用标识(符号)表示的,而不是用地址来指定。时钟脉冲是只读的,不能由指令或编程设备(CX-Programmer 或手持编程器)改写。

CJ1M 系列 PLC 所提供的时钟脉冲如表 3-7 所示。

表 3-7 CJ1M 系列 PLC 时钟脉冲表

名称	标识	符号	操作	占空比时间
0.02 s 时钟脉冲	0.02 s	P _ 0 _ 02s	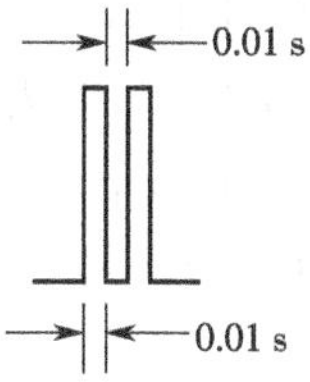	ON 0.01 s OFF 0.01 s
0.1 s 时钟脉冲	0.1 s	P _ 0 _ 1s	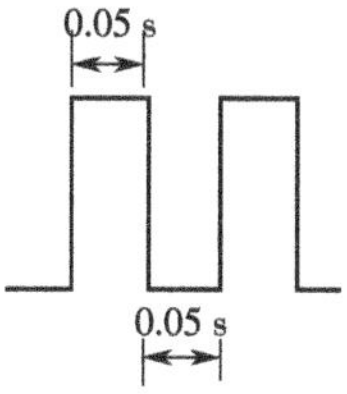	ON 0.05 s OFF 0.05 s
0.2 s 时钟脉冲	0.2 s	P _ 0 _ 2s	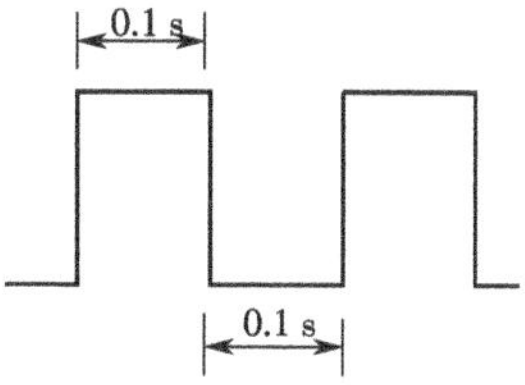	ON 0.1 s OFF 0.1 s
1 s 时钟脉冲	1 s	P _ 1s	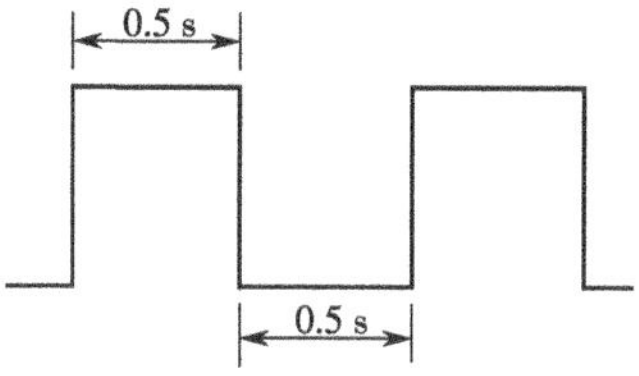	ON 0.5 s OFF 0.5 s
1 min 时钟脉冲	1 min	P _ 1min	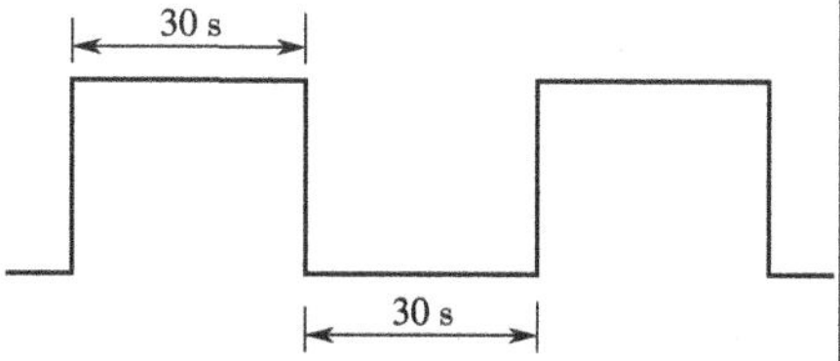	ON 30 s OFF 30 s

45

本章小结

本章首先对欧姆龙 C 系列 P 型机的 I/O 存储区地址及其分配作简单介绍,又详细介绍了欧姆龙 CJ1M 系列 PLC 系统 I/O 存储区地址及其地址分配,通过对比,用户可以对不同系列、不同型号的 PLC 硬件、软件有所认识和理解,为后续章节的指令系统及编程设计方法打下基础。

思考题与习题

1. PLC 内部存储单元可分为哪几个区域,各个区域的作用是什么?

2. PLC 中"字"和"位"的定义是什么,两者的区别在哪里?

3. 简述欧姆龙 C 系列 P 型机的继电器功能及其地址分配。

4. 简述欧姆龙 CJ1M 系列 PLC 的继电器功能及其地址分配。

第4章 指令系统

◆本章要点

1. 可编程序控制器基本指令及其应用。
2. 可编程序控制器应用指令、数据处理指令及其应用。

上一章中已经学习了 PLC 的基本结构及工作原理。如果希望 PLC 按照用户的控制要求执行相应操作，就需上传用户程序到 PLC 内部的用户程序存储器中。用户必须熟练掌握所使用的各种指令才能完成程序的准确编写工作。通常把可编程序控制器中所有指令的集合称为指令系统。IEC1131 –3 指令集是 1992 年国际电工委员会(IEC)指定的 PLC 国际标准 1131 –3 Programming Language(编程语言)中推荐的标准语言，是第一个为工业自动化控制系统的软件设计提供标准化编程语言的国际标准，为各 PLC 制造厂商编程软件的标准化提供了标准，但此指令集只能用梯形图(LD)和功能块图(FBD)编程语言编程。

4.1 编程语言概述

PLC 与一般的微型计算机相似，内部加载了系统软件和应用软件，只是 PLC 的系统软件由 PLC 生产厂家固化在 ROM 中，用户只能在生产厂家开发的编程软件上编制用户程序，使用时需采用生产厂家提供的编程语言，以下简要介绍几种常用的 PLC 编程语言。

1. 梯形图语言(Ladder Diagram)

梯形图语言简称"梯形图"，是由传统的继电器－接触器控制系统演变而来的，它不仅延续了传统电气控制逻辑使用的框架结构，而且逻辑运算方法和输入、输出形式也与之相类似，同时增加了许多功能强大、使用灵活的指令，使编程更加灵活、方便，可实现的功能更广泛、更复杂，因而具有形象、直观、修改方便等特点，深受广大电气技术人员的喜爱，是目前应用最广泛的 PLC 编程语言，又被称为"PLC 第一编程语言"。

梯形图中的一系列图形符号的组合可表示出逻辑控制关系，它的符号画法应符合一定的规则，各个生产厂家的符号和规则虽然不尽相同，但基本上大同小异。对图 4-1 所示三种不同的梯形图表示方法，以下有几点说明。

(1)梯形图中只有动合和动断两种触点。不同生产厂家的触点符号基本相同，但元件的编号会随着 PLC 机型和安装位置的不同而有所区别。同一标记的触点可以反复使用并且次数不限，这点与继电器－接触器控制电路中同一触点只能使用有限次是不一样的。

(2)梯形图中的输出继电器表示方法有所区别，不同机型可采用圆圈、括号和椭圆形表示，而且它们的地址编号形式也不相同，但无论哪种产品，PLC 输出继电器在程序中只能被使用一次。

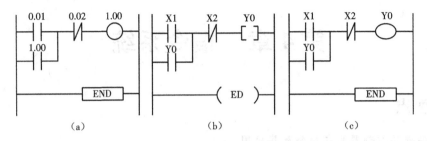

图 4-1　三种不同的梯形图表示方法

(a)欧姆龙　(b)松下　(c)三菱

(3)梯形图最左边的竖线称为"起始母线"或"左母线",每一行必须由左母线开始,按照一定的逻辑要求和规则连接各个"软触点",最后以继电器"软线圈"结束,称为一个逻辑行,一般在最右边还有一条竖线,称为"结束母线"或"右母线",使用时一般可以将其省略。

(4)梯形图中的触点可以任意串联或并联,而输出继电器线圈可以并联但不可以串联。

(5)程序结束后应有结束语句。

2. 指令表语言(Instruction List)

指令表语言是一种与汇编语言类似的助记符编程表达方式,实际工业应用中多在 PLC 简易编程器中使用,而这种编程器中没有 CRT 屏幕显示或者较大的液晶屏幕显示,因此需要采用一系列 PLC 操作命令组成的语句表将梯形图描述出来,再通过简易编程器输入到 PLC 中,这时就需要借助指令表语言。虽然各个 PLC 生产厂家的语句表形式不尽相同,但基本功能都相差无几。表 4-1 中内容是与图 4-1 中梯形图相对应的指令表程序。

表 4-1　各 PLC 生产厂家指令表程序对照

机型	步序号	操作码	操作数	说明
欧姆龙	1	LD	0.01	逻辑行开始,动合触点 0.01
	2	OR	1.00	从左母线开始并联输出继电器的动合触点 1.00
	3	ANDNOT	0.02	串联输入动断触点 0.02
	4	OUT	1.00	输出继电器 1.00 输出,逻辑行结束
	5	END	—	程序结束
松下	1	ST	X1	逻辑行开始,动合触点 X1
	2	OR	Y0	从左母线开始并联输出继电器的动合触点 Y0
	3	AN/	X2	串联输入动断触点 X2
	4	OT	Y0	输出继电器 Y0 输出,逻辑行结束
	5	ED	—	程序结束

机型	步序号	操作码	操作数	说明
三菱	1	LD	X1	逻辑行开始,动合触点 X1
	2	OR	Y0	从左母线开始并联输出继电器的动合触点 Y0
	3	ANI	X2	串联输入动断触点 X2
	4	OUT	Y0	输出继电器 Y0 输出,逻辑行结束
	5	END	—	程序结束

可以看出,语句是指令表程序的基本单元,每个语句由语句步序号、操作码和操作数三部分组成。语句步序号是用户程序中语句的序号,一般由编程器自动顺序给出。操作码是 PLC 指令系统中的指令代码。操作数则是操作对象,主要是指继电器的类型和编号,每一个继电器都有一个字母或特殊数字开头,表示属于哪一类继电器,后缀数字表示属于该类继电器中的第几号继电器。

3. 顺序功能图(Sequential Function Chart)

顺序功能图又称为状态转移图,常用来编制顺序控制类程序。它可以将一个完整的控制过程分为若干个阶段,各阶段都具有不同的动作,阶段间有一定的转换条件,转换条件满足就实现阶段转移,上一阶段动作结束,下一阶段动作开始。顺序功能图的基本元素包含步、有向线段、动作(或命令)、转换条件等要素。这一方法对于顺序控制系统特别适用,在程序编制中具有很重要的意义。如图 4-2 所示为一简单的顺序功能图。

4. 功能块图(Function Block Diagram)

功能块图语言是一种较新的编程方法,它基本上沿用了半导体逻辑电路中逻辑图的表达形式,采用方框图的形式来表示 PLC 操作功能,类似于数字电路中的逻辑门电路,有数字电路基础的人很容易掌握,目前国际电工协会正在实施发展这种新型的编程模式。它采用类似与门、或门的方框来表示逻辑运算关系,方框的左侧为逻辑运算的输入变量,右侧为输出变量,信号由左向右流动,各个功能方框之间可以串联,也可以插入中间信号。如图 4-3 所示为一简单的功能块图。

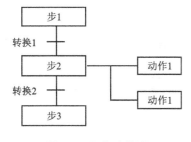

图 4-2 顺序功能图

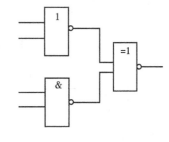

图 4-3 功能块图

5. 结构化文本(Structure Text)

随着 PLC 技术的发展,为了增强 PLC 的数字运算、数据处理、图形显示以及通信联网等功能,方便用户的使用,许多大、中型 PLC 生产厂商相继配备了结构化文本编程语言。

结构化文本编程语言是一种基于文本的高级程序设计语言,通过一些描述语句来表达控制系统中各种变量之间的控制关系,执行所需的操作目标。大多数制造厂商所采用的这种语言与 BASIC、PASCAL 或 C 语言等高级语言类似,但为了应用方便,在语句的表达方法和语句的种类等方面都进行了简化。采用高级语言后,用户可以像使用普通微型计算机一样操作 PLC,使 PLC 的各种功能得到更好的发挥。

PLC 编程语言尽管很多,但目前最为常用的是简单直观的梯形图语言,下面我们就以梯形图和指令表语言为主,来学习 PLC 的指令系统。

4.2 PLC 基本指令及例程

本节以欧姆龙 CJ1M-CPU22 型 PLC 为例,介绍其基本指令和应用指令。基本指令完成一些基本操作,如读取某个输入口的数据,或者与某些数据进行与、或、非等逻辑关系操作,或者把数据存储区的状态送至某一个输出口。在 PLC 出现的早期,以逻辑控制为主的应用中,这些基本指令发挥了强大的作用。除了基本逻辑控制外,应用指令表现出 PLC 的强大控制功能。应用指令包括分支指令、跳步指令、微分指令、数据传递指令和四组运算指令等。基本指令最短执行时间为 $0.08\ \mu s/步$,应用指令最短执行时间为 $0.25\ \mu s/步$。

1. 装载指令组(LD/LD-NOT)

1)LD

指令名称:装载指令。

助记符代码:LD B。

指令含义:用于逻辑行的逻辑开始或逻辑块的开始,读取指定节点的 ON/OFF 状态。

LD 梯形图由左母线连接常开触点构成,图形符号如图 4-4 所示。LD 指令语句表与梯形图的对应关系和编程格式如表 4-2 所示。操作位 B 的寻址范围如表 4-3 所示。

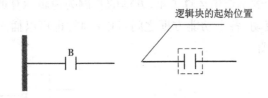

图 4-4 LD 指令的图形符号

表 4-2 LD 指令的编程格式和指令语句表语言

梯形图	指令语句表		
0.00	步	指令	操作数
	0	LD	0.00

表 4-3 LD 操作位 B 的寻址范围

地址类型	CIO 区	工作区	保持位区	辅助位区
寻址范围	0.00 ~ 39.15	W000.00 ~ W511.15	H000.00 ~ H511.15	1200.00 ~ 1499.15 3800.00 ~ 6143.15
地址类型	定时器区	计数器区	TR 区	—
寻址范围	T0000 ~ T4095	C0000 ~ C4095	TR0 ~ TR15	—

LD 指令表语言由操作码 LD 和常开触点的位地址 B 组成。

此指令用于逻辑开始,以左母线开始的第一个常开触点,数据流把指定继电器 B 的状态送入到运算结果寄存器 R 中,并将结果寄存器原有内容送入堆栈 P。指定继电器 B 表示操作位,是指 PLC 可选通道中的某一位,其内容可以是 0 或 1。当操作位的值是 0 时,常开触点的状态为 OFF,表示触点是断开的;当操作位的值是 1 时,常开触点的状态为 ON,表示触点是闭合的。

多个触点的组合称为逻辑块,在逻辑块起始处的位置假想存在一条左母线。逻辑块的首个常开触点也使用 LD 指令,表示此逻辑块以常开触点开始。

2)LD-OUT

指令名称:装载非指令。

助记符代码:LD-NOT B。

指令含义:用于逻辑行的逻辑开始,将指定节点的状态 ON/OFF 取反后读入。

LD-NOT 梯形图由左母线连接常闭触点构成,图形符号如图 4-5 所示。LD-NOT 指令语句表与梯形图的对应关系和编程格式如表 4-4 所示。操作位 B 的寻址范围如表 4-5 所示。

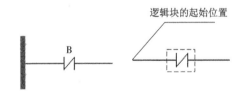

图 4-5 LD-NOT 指令的图形符号

表 4-4 LD-OUT 指令的编程格式和指令语句表语言

梯形图	指令语句表		
0.00	步	指令	操作数
	0	LDNOT	0.00

表 4-5　LD-NOT 操作位 B 的寻址范围

地址类型	CIO	工作区	保持位区	辅助位区
寻址范围	0. 00 ~ 39. 00	W000. 00 ~ W511. 15	H000. 00 ~ H511. 15	1200. 00 ~ 1499. 15 3800. 00 ~ 6143. 15
地址类型	定时器区	计数器区	—	—
寻址范围	T0000 ~ T4095	C0000 ~ C4095	—	—

LD-NOT 指令表语言由操作码 LD-NOT 和常闭触点的位地址 B 组成。

此指令是以左母线开始的第一个常闭触点,数据流把指定继电器 B 的状态取反后,送入到运算结果寄存器 R 中。在逻辑块起始点的位置也用 LD-NOT 指令,表示一个逻辑块的第一个常闭触点。LD-NOT 的操作位寻址范围不含暂存器。当操作位的值是 0 时,常闭触点的状态为 ON,表示触点是闭合的;当操作位的值是 1 时,常闭触点的状态为 OFF,表示触点是断开的。

这两条指令都是输入指令,称为读取指令,读取继电器当前的状态,不进行其他运算,不对取得值进行判断或者标志识别。在程序执行过程中,装载指令起到开关的作用。读取指令只和左母线连接,中间没有其他的触点。任何一个逻辑行都是从这两条指令开始,逻辑块同样以这组指令开始。

2. 输出指令组(OUT/OUT-NOT)

1)OUT

指令名称:输出指令。

助记符代码:OUT B。

指令含义:输出指令也称为线圈驱动指令,把前面各逻辑运算结果(执行条件)输出到指定操作位 B。

OUT 梯形图由输出线圈和位地址 B 组成,连接到右母线,图形符号如图 4-6 所示,操作位 B 的寻址范围如表 4-6 所示。

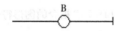

图 4-6　OUT 指令的图形符号

表 4-6　OUT 指令操作位 B 的寻址范围

地址类型	CIO(输出通道)	工作区	保持位区	辅助位区
寻址范围	0. 00 ~ 39. 00	W000. 00 ~ W511. 15	H000. 00 ~ H511. 15	1200. 00 ~ 1499. 15 3800. 00 ~ 6143. 15
地址类型	TR 区	—	—	—
寻址范围	TR0 ~ TR15	—	—	—

输出指令指令表语言由输出操作码 OUT 和输出线圈位地址 B 组成。此指令用于继电

器输出线圈的编程,执行输出指令时,数据流把运算结果寄存器 R 的状态送至输出指令指定的操作位中,驱动输出线圈的状态。

2) OUT-NOT

指令名称:输出非指令。

助记符代码:OUT-NOT B。

指令含义:把前面各逻辑运算的结果(执行条件)取非,再输出到指定操作位 B。

OUT-NOT 梯形图由输出非指令线圈和位地址 B 组成,连接到右母线,图形符号如图 4-7 所示,操作位 B 的寻址范围如表 4-7 所示。OUT-NOT 的操作数范围不含暂存器。

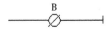

图 4-7 OUT-NOT 指令的图形符号

表 4-7 OUT-NOT 指令操作位 B 的寻址范围

地址类型	CIO(输出通道)	工作区	保持位区	辅助位区
寻址范围	0.00 ~ 39.00	W000.00 ~ W511.15	H000.00 ~ H511.15	1200.00 ~ 1499.15 3800.00 ~ 6143.15

输出非指令指令表语言由输出操作码 OUT-NOT 和位地址 B 组成。此指令用于继电器输出线圈的编程,执行输出指令时,数据流把运算结果寄存器 R 的状态取反后,送至输出指令指定的操作位中,驱动输出线圈的状态。

本组输出指令,当操作位 B 的内容是输出继电器(即 CIO 区)时,可对外输出,从而控制外部设备。输出指令是唯一可以直接驱动外部设备的指令,不能用于驱动输入继电器。

装载指令与输出指令组成最简单的逻辑关系,指令语句表与梯形图两种编程格式具有一一对应关系,如表 4-8 所示。

表 4-8 指令语句表与梯形图编程格式一一对应关系

梯形图	指令语句表
 0.00 1.00	步 指令 操作数 0 LD 0.00 1 OUTNOT 1.00
 0.01 1.05	步 指令 操作数 0 LD 0.01 1 OUT 1.05

例 4-1 写出下列梯形图的指令语句表。

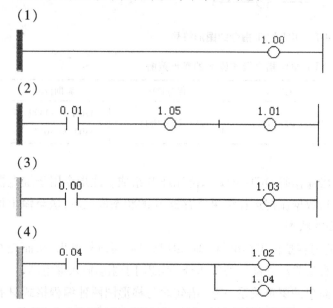

指令语句表如下。

条	步	指令	操作数
0	0	LD	0.00
	1	OUT	1.00
	2	OUT	1.01
1	3	LDNOT	0.01
	4	OUT	1.02

例4-2 输出指令在程序设计中常见问题。

（1）

（2）

（3）

（4）

分析：在上面的输出用法中，（1）、（2）是错误用法，（3）、（4）是正确用法。

（1）输出指令不能直接与左母线连接，需在左母线和输出指令之间添加装载指令。

（2）在一个逻辑行中，当需要多个输出时，可采用（4）所示的方式，同时并联驱动多个继电器线圈，禁止多个输出继电器顺序连接。

另外，在同一个程序中，同一地址编号的输出线圈使用两次或两次以上称为"重复输出"。因PLC在一次循环扫描过程中仅将输出结果存放至输出映像寄存器，本次循环扫描结束后再输出，所以当输出线圈"重复输出"时，后面的运算结果会覆盖前面的运算结果，造成误操作，应尽量避免。欧姆龙的编译软件在编译过程中提出警告。

例4-3 根据梯形图画出时序图。

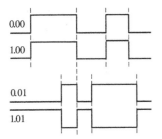

（1）当常开触点 0.00 闭合时，输出触点 1.00 导通。

（2）当常闭触点 0.01 断开时，输出触点 1.01 导通。

3. 与/与非指令组(AND/AND-NOT)

1) AND

指令名称：与指令。

助记符代码：AND B。

指令含义：把前面的触点(或触点组的运算结果)与指定的继电器 B 状态进行逻辑与。

与指令梯形图由常开触点与左侧的触点(或触点组)串联构成，图形符号如图4-8所示。操作位 B 的寻址范围与 LD-NOT 相同，AND 指令语句表编程格式如表4-9所示。

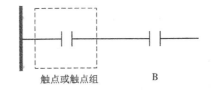

触点或触点组   B

图4-8 AND 指令的图形符号

表4-9 AND 指令语句表编程格式

梯形图			指令语句表			
			条	步	指令	操作数
0.00	0.01	1.00	0	0	LDNOT	0.00
				1	AND	0.01
				2	OUT	1.00

与指令指令表语言由操作码 AND 和常开触点的位地址 B 组成。

与指令用于单个常开触点的串联连接。执行与指令时，数据流把操作位的状态与运算结果寄存器的状态相与，运算结果送至运算结果寄存器。只有当各触点状态均为 1(ON)时才有输出；只要有一部分为 0(OFF)，就没有输出结果。与指令常用于多个条件同时成立的控制方式中。

2) AND-NOT

指令名称：与非指令。

助记符代码：AND-NOT B。

指令含义：指定操作位的状态取反后，和当前的执行条件(触点或触点组状态)进行逻辑与。

　　与非指令梯形图由常闭触点与左侧的触点（或触点组）串联构成，图形符号如图4-9所示。操作位 B 的寻址范围与 LD-NOT 相同，AND-NOT 指令语句表编程格式如表4-10所示。

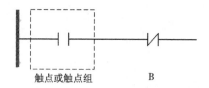

触点或触点组　　　　　　B

图4-9　AND-NOT 指令的图形符号

表4-10　AND-NOT 指令语句表编程格式

梯形图			指令语句表			
			条	步	指令	操作数
0.00　　　0.01　　　1.00			0	0	LD	0.00
				1	ANDNOT	0.01
				2	OUTNOT	1.00

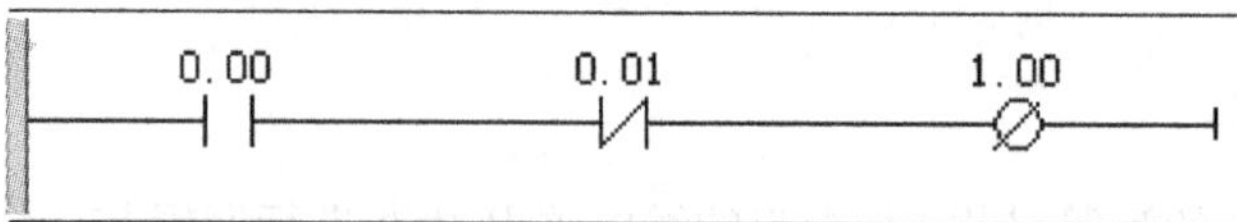

　　与非指令指令表语言由操作码 AND-NOT 和常闭触点的位地址 B 组成。

　　与非指令用于单个常闭触点的串联连接，执行与非指令时，数据流把操作位的状态取反后，和运算结果寄存器的状态相与，运算结果送至运算结果寄存器。

　　"与/与非"指令也称为串联指令，只能串联一个触点的指令。在一个程序中，与/与非指令使用次数不限，可连续使用。与指令（AND）用于常开触点与前面逻辑运算结果的串联连接，与非指令（AND-NOT）用于常闭触点与前面逻辑运算结果的串联连接，AND/AND-NOT 不能直接连到母线，也不能用作一个逻辑块的开始。在执行输出指令后，通过与输出线圈的串联可以驱动其他输出线圈，可实现"连续输出"。

　　例4-4　根据梯形图写出指令语句表。

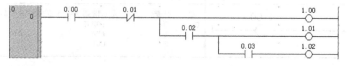

　　指令语句表如下。

步	指令	操作数
0	LD	0.00
1	ANDNOT	0.01
2	OUT	1.00
3	AND	0.02
4	OUT	1.01
5	AND	0.03
6	OUT	1.02

　　本例中程序的上下次序不能改变，否则 AND 指令不能实现"连续输出"。

　　例4-5　根据梯形图画出时序图。

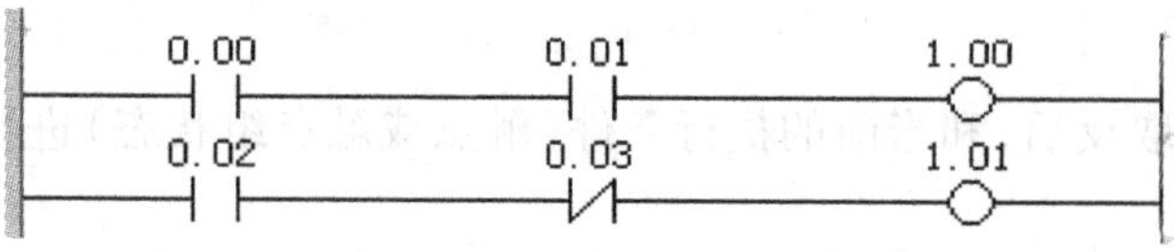

0.00　　　0.01　　　1.00
0.02　　　0.03　　　1.01

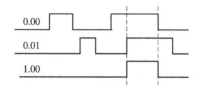 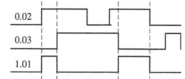

（1）输入触点 0.00 与 0.01 执行逻辑与操作。0.00 与 0.01 中只要有一个触点不闭合，输出触点 1.00 就不能导通；在 0.00 与 0.01 均闭合时，输出触点 1.00 导通。

（2）常开触点 0.02 与常闭触点 0.03 执行逻辑与操作。只有在 0.02 闭合、0.03 断开时，输出触点 1.01 才导通，其他情况均不可导通。

4. 或/或非指令组（OR/OR-NOT）

1）OR

指令名称：或指令。

助记符代码：OR B。

指令含义：把上方的触点（或触点组）状态与指定操作位 B 的状态（ON/OFF）进行逻辑或。

或指令梯形图由常开触点与其上一行的触点（或触点组）并联构成，图形符号如图 4-10 所示。指定操作位 B 的寻址范围与 LD-NOT 相同，OR 指令语句表编程格式如表 4-11 所示。

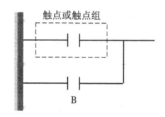

图 4-10　OR 指令的图形符号

表 4-11　OR 指令语句表编程格式

梯形图	指令语句表			
	条	步	指令	操作数
0.00　　　　1.00	0	0	LD	0.00
0.01		1	OR	0.01
		2	OUT	1.00

或指令指令表语言由操作码 OR 和常开触点的位地址 B 组成。

或指令用于单个常开触点的并联连接，执行或指令时，数据流把操作位的状态和上方运算结果寄存器的状态相或，运算结果送至运算结果寄存器。只要两者中有一个的状态是 1（ON）就有逻辑输出，只有当两者都为 0（OFF）时没有输出。可用于满足条件之一就可进行操作的控制方式。

2）OR-NOT

指令名称：或非指令。

助记符代码:OR-NOT B。

指令含义:指定操作位 B 的状态取反后,与上方的触点(或触点组)状态进行逻辑或。

或非指令梯形图由常闭触点与其上一行的触点(或触点组)构成,图形符号如图 4-11 所示。操作位 B 的寻址范围与 LD-NOT 相同,OR-NOT 指令语句表编程格式如表 4-12 所示。

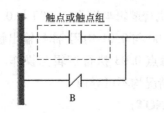

图 4-11 OR-NOT 指令的图形符号

表 4-12 OR-NOT 指令语句表编程格式

梯形图	指令语句表			
	条	步	指令	操作数
	0	0	LD	0.00
		1	ORNOT	0.02
		2	ANDNOT	0.01
		3	OUT	1.00

或非指令指令表语言由操作码 OR-NOT 和常闭触点的位地址 B 组成。

或非指令用于单个常闭触点的并联连接,执行或非指令时,数据流把操作位的状态取反后,和上方运算结果寄存器的状态相或,运算结果送至运算结果寄存器。

"或/或非"指令也称为并联指令,只用于并联一个触点的指令。在一个程序中,或指令可连续使用,进行"多重并联"。OR 指令用于常开触点的并联连接,OR-NOT 指令用于常闭触点的并联连接,并联到最近的装载指令或指令组上。

例 4-6 按要求完成以下题目。

(1)根据梯形图画出时序图。

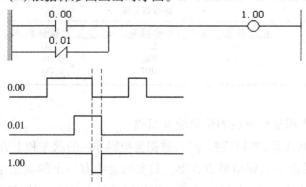

(2)根据梯形图写出指令语句表。

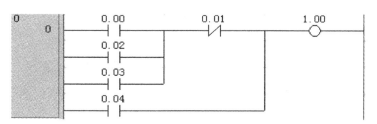

指令语句表如下。

步	指令	操作数
0	LD	0.00
1	OR	0.02
2	OR	0.03
3	ANDNOT	0.01
4	OR	0.04
5	OUT	1.00

（1）常开触点 0.00 与常闭触点 0.01 执行逻辑或运算。只有 0.00 断开，同时 0.01 导通时，输出触点 1.00 不能导通，其他情况输出触点均可导通。

（2）OR/OR-NOT 指令可实现"多重并联"。

例 4-7 "起－保－停"电路。

控制要求：系统有两个按钮，即启动按钮和停止按钮，当启动按钮按下时，电动机开始工作；当停止按钮按下时，电动机停止工作。

I/O 分配：输入　启动按钮 0.00　　　　输出　电动机 1.00

　　　　　　　　停止按钮 0.01

程序梯形图：

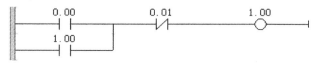

时序图：

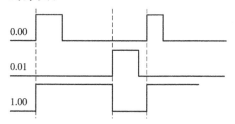

当启动按钮按下时，输入继电器 0.00 所对应的常开触点得电闭合，此时停止按钮未动作，输入继电器 0.01 所对应的常闭触点保持不变，输出继电器 1.00 得电导通，它所对应的常开触点吸合，使继电器继续保持导通，完成自锁功能。

当停止按钮按下时，输入继电器 0.01 所对应的常闭触点断开，输出继电器失电断开，解除自锁，电动机停转。

例 4-8 由时序图完成梯形图程序设计。

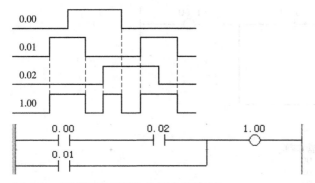

例4-9 把梯形图转换成指令语句表。

（1）

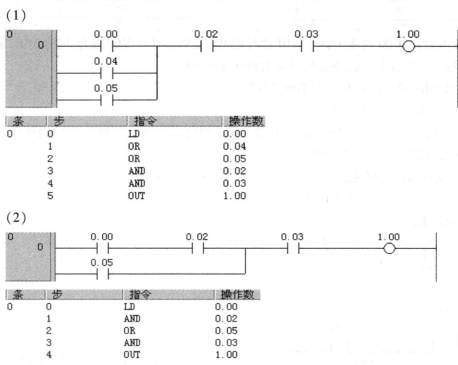

条	步	指令	操作数
0	0	LD	0.00
	1	OR	0.04
	2	OR	0.05
	3	AND	0.02
	4	AND	0.03
	5	OUT	1.00

（2）

条	步	指令	操作数
0	0	LD	0.00
	1	AND	0.02
	2	OR	0.05
	3	AND	0.03
	4	OUT	1.00

5. 逻辑块与(AND LD)

指令名称：逻辑块与。

助记符代码：AND LD。

指令含义：AND LD 指令后面不需要操作数，表示逻辑块之间的与逻辑。AND LD 指令表示指令前的两组逻辑块串联。

AND LD 指令的图形符号如图4-12所示。AND LD 指令语句表编程格式如表4-13所示。每一个逻辑块开始位置假想一条新母线，每个逻辑块均以 LD/LD-NOT 指令开始。先顺次书写前面的逻辑块，再用 AND LD 指令串联连接。

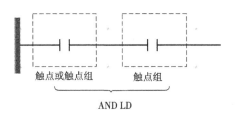

触点或触点组　　触点组

AND LD

图 4-12　AND LD 指令的图形符号

表 4-13　AND LD 指令语句表编程格式

梯形图	指令语句表

条	步	指令	操作数
0	0	LD	0.00
	1	ORNOT	0.01
	2	LDNOT	0.02
	3	OR	0.03
	4	ANDLD	
	5	OUT	1.00

当多个逻辑块串联连接时,可使用分置法和后置法书写指令语句表。

分置法:按逻辑顺序每写两个逻辑块后,用 AND LD 连接,再续写后一个逻辑块,用 AND LD 连接此逻辑块和前面的整体,以此类推写全后面的逻辑块。

后置法:先依次写出串联连接的所有逻辑块,再一次性使用 AND LD 指令,AND LD 指令的个数为前面出现的 LD/LD-NOT 指令个数减 1。

在一个程序中,AND LD 指令可以无限次使用。分置法和后置法可以得到相同的运算结果,但在使用后置法时,AND LD 前面出现的 LD/LD NOT 指令合计为8个。若出现9个或9个以上,程序检测时会出现错误,则需使用分置法。使用分置法时,逻辑组数是没有限制的。

有时分置法也称为分散法,后置法也称为集中法。

例 4-10　把梯形图转成指令语句表(注意 AND LD 指令的使用)。

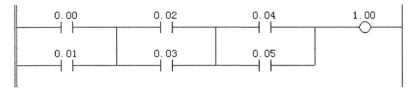

(1)分置法指令语句表。

条	步	指令	操作数
0	0	LD	0.00
	1	OR	0.01
	2	LD	0.02
	3	OR	0.03
	4	ANDLD	
	5	LD	0.04
	6	OR	0.05
	7	ANDLD	
	8	OUT	1.00

（2）后置法指令语句表。

条	步	指令	操作数
0	0	LD	0.00
	1	OR	0.01
	2	LD	0.02
	3	OR	0.03
	4	LD	0.04
	5	OR	0.05
	6	ANDLD	
	7	ANDLD	
	8	OUT	1.00

6. 逻辑块或（OR LD）

指令名称：逻辑块或。

助记符代码：OR LD。

指令含义：OR LD 指令后面不需要操作数，表示逻辑块之间的或逻辑。OR LD 指令把指令前的两个逻辑块并联。

OR LD 指令的图形符号如图 4-13 所示。OR LD 指令语句表编程格式如表 4-14 所示。每一个逻辑块开始位置假想一条新母线，后面继续使用 LD/LD-NOT 指令。先顺次书写前面的逻辑块，再使用 OR LD 指令并联连接。

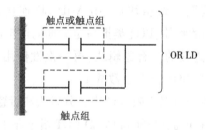

图 4-13　OR LD 指令的图形符号

表 4-14　OR LD 指令语句表编程格式

梯形图			指令语句表			
			条	步	指令	操作数
0.00　0.01　1.00			0	0	LD	0.00
0.02　0.03				1	ANDNOT	0.01
				2	LDNOT	0.02
				3	AND	0.03
				4	ORLD	
				5	OUT	1.00

AND-LD 指令和 OR-LD 指令不需要任何操作数，只表明逻辑组之间的逻辑运算关系。与 AND-LD 指令一样，OR-LD 指令也可使用分置法和后置法。

例 4-11　按要求完成以下题目。

（1）根据梯形图写出指令语句表，并完成时序图。

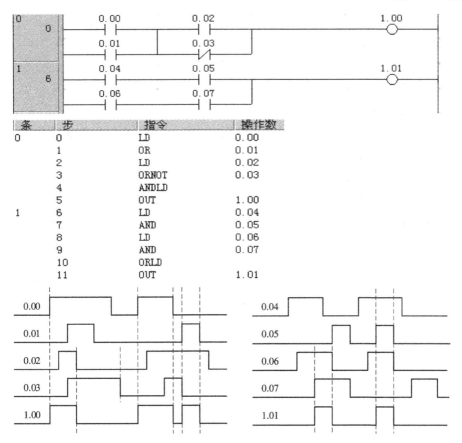

①在第一逻辑行中,输入触点0.00和0.01组成或逻辑块,输入触点0.02与0.03组成或逻辑块,再执行两个逻辑块之间与逻辑运算。当常开触点0.00或0.01闭合,且0.02闭合或0.03断开时,输出触点1.00导通。

②在第二逻辑行中,输入触点0.04和0.05组成与逻辑块,输入触点0.06和0.07组成与逻辑块,再执行两个逻辑块之间或逻辑运算。当常开触点0.04与0.05均闭合,或0.06与0.07均闭合时,输出触点1.01导通。

(2)根据梯形图写出指令语句表

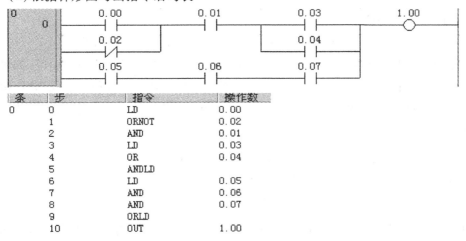

程序中逻辑块与/或指令主要用于结构组成,可组成较复杂的程序结构。

7. NOP(000)/END(001)

1)NOP(000)

指令名称:空操作指令。

助记符代码:NOP(000)。

指令含义:空操作指令(Nop-processing),无输入条件,也无操作位。PLC 运行 NOP 指令时占一条指令步的执行时间和内存,不做任何操作,不影响程序的运行。

NOP(000)括号内的 000 表示用简易编程器输出指令时的指令代码。当在简易编程器内输入指令语句语言时,某些指令的输入方法是用功能键(FUN 键)和数字键组合完成的,如 NOP(FUN00)、END(FUN01)、SFT(FUN10)等。NOP 指令的图形符号如图 4-14 所示,指令语句表编程格式如表 4-15 所示。

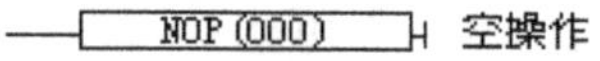

图 4-14　NOP 指令的图形符号

表 4-15　NOP 指令语句表编程格式

梯形图	指令语句表			
	条	步	指令	操作数
NOP (000)　空操作	0	0	NOP (000)	

简易编程器一般使用指令语句表语言,指令语句表达式都是由序号、助记符和操作数组成的。

编程技巧:在指令语句表语言输入时,可加入若干条 NOP 指令,预留编程过程中需要追加指令的内存空间。当在原程序中增补新指令行时,可用新指令直接替换掉 NOP 指令,不必从头更改各指令的序号。另外,PLC 的执行程序清除后也可用 NOP 指令提供填充。

2)END(001)

指令名称:结束指令。

助记符代码:END(001)。

指令含义:结束指令,无输入条件,也无操作数,用于标识主程序的结束。

END 指令的图形符号如图 4-15 所示。END 指令表示主程序的结束,放到程序的最后一行,END 指令后面的指令不再执行,而是回到程序的起始再次扫描执行。无 END 指令时,将出现程序错误(程序报错情况)。CX-Programmer 编译软件在新程序中已自动嵌入 END 指令,用户程序编写时可省略这条指令。

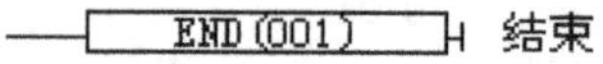

图 4-15　END 指令的图形符号

在调试程序时,可将 END 指令插入适当位置,实现程序的分段调试,当程序调试成功后再删除 END 指令。END 指令语句表编程格式如表 4-16 所示。

表 4-16   END 指令语句表编程格式

梯形图	指令语句表				
	条	步	指令	操作数	
	0	0	LD	0.00	
		1	OUT	1.00	
	1	2	END (001)		

梯形图：0.00 —| |— 1.00 —○—，END (001)

8. TIM/CNT 指令

1) TIM 指令

定时器对时间的测量是通过对 PLC 内部时钟脉冲的计数实现的。在编程时,定时器首先要设置预设值,确定定时时间。在执行程序时,当定时器达到设定时间时,定时器发生动作,驱动所对应的常开/常闭触点,实现各种定时逻辑控制。

指令名称:定时器指令。

助记符代码:TIM   N

                   SV

指令含义:一款减计时的定时器,需要有输入条件,通过设置预设值以确定定时时间。在程序运行过程中,预设值作减法运算,当预设值减至 0 时,定时器定时完成,其所对应触点实现各种逻辑控制。参数 N 表示定时器的编号,N 的取值范围为 0 ~ 4 095;参数 SV 为定时器的预设值,可为直接数,也可为寄存器单元。SV 为直接数时,BCD 码的范围是 #0000 ~ 9999;为寄存器单元时,表示 CIO 区、内部辅助区、保持继电器区等存储的数据。

TIM 指令的图形符号如图 4-16 所示,TIM 指令语句表编程格式如表 4-17 所示。

TIM	定时器
N	定时器号
SV	设置值

图 4-16   TIM 指令的图形符号

表 4-17   TIM 指令语句表编程格式

梯形图	指令语句表				
0.00 —| |— TIM [定时器] / 0000 [定时器号] / #50 [设置值]	条	步	指令	操作数	
	0	0	LD	0.00	
		1	TIM	0000	
				#50	

当定时器的输入条件为 ON 时,定时器开始减定时,以 0.1 s 为单位,参数 SV 进行减 1

计时,SV 的值减至 0 时,定时器有输出,SV 的值保持为 0,同时定时器所对应的常开触点闭合、常闭触点断开。

当定时器的输入条件变为 OFF 时,或操作模式在运行和监视状态之间切换时,不论此时定时是否完成,定时器自动复位,定时器 SV 值恢复至预设值,所对应的常开触点或常闭触点恢复原始状态。定时器复位是其重新启动的先决条件,同一定时器重新定时启动之前,一定要设计好定时器复位。

定时器定时时间由预设值和分辨率的乘积决定,即 SV × 0.1 s,所以定时器定时范围为 000.0 ~ 999.9 s。

例 4-12   根据梯形图画出时序图。

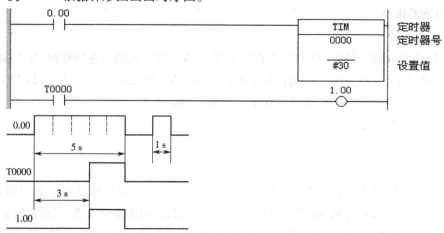

例 4-13   节能式手扶电梯。

控制要求:在电梯入口处有一传感器,当有人通过时电梯启动运行,当最后一个人通过 30 s 后电梯自动停止运行。

I/O 分配:输入   0.00(传感器)   输出   1.00(电梯)

程序梯形图:

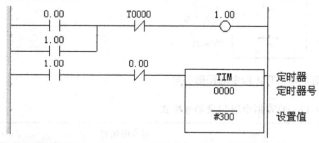

2)CNT 指令

计数器对外部或 PLC 内部产生的计数脉冲进行计数。在编程时,计数器首先设置预设值,确定计数值。在执行程序时,计数器检测计数信号输入端的上升沿个数,当计数值达到预设值时,计数器发生动作,驱动所对应的常开/常闭触点,实现各种逻辑控制。

指令名称:计数器指令。

助记符代码:CNT   N

SV

指令含义:有两个输入条件,即计数信号输入端和复位端,通过获取计数信号输入端的上升沿,进行减法计数的计数器。操作数 N 表示计数器的编号,N 的取值范围为 0 ~ 4 095;参数 SV 表示计时器的设定值,设定计数次数。计数器的设定值可以是直接数,也可以是寄存器单元。SV 用直接数表示时,BCD 码的范围是#0000 ~ 9999;为寄存器单元时,表示 CIO 区、内部辅助区、保持继电器区等存储的数据。

CNT 指令的图形符号如图 4-17 所示,CNT 指令语句表编程格式如表 4-18 所示。

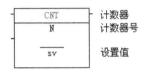

图 4-17　CNT 指令的图形符号

表 4-18　CNT 指令语句表编程格式

梯形图	指令语句表

当计数输入端输入脉冲到来时,SV 的当前值执行减 1 操作,直至减至 0 时,计数器有输出,其对应的常开触点闭合、常闭触点断开。当计数端再有信号输入时,计数器的输出状态保持不变,直到复位端信号到来。

当复位端信号和计数输入端信号同时到来时,复位信号优先,计数输入端输入信号无效,计数器复位,SV 恢复到初始设定值,计数器所对应的常闭/常闭触点恢复到初始状态。

计数器具有掉电保持功能,即使计数中断,SV 也会保持掉电前的数值。当电源接通时,若复位端没有输入信号,计数器从掉电前的数值继续进行减 1 操作。

例 4-14　根据表 4-18 所示梯形图,画出时序图。

本例中 P _ 1s 是 PLC 专用内部继电器,以状态标志表示,产生 1 s 的时钟脉冲,占空比为 0.5,计数器运行时序图如图 4-18 所示。计数信号输入端 P _ 1s 是专用内部继电器,产生 1 s 脉冲信号,复位端 0.01 由外部输入信号给出。当第 1 个脉冲信号前沿到来时,CNT0000 内部的 SV 值减 1,当前值变成 2;当第 2 个脉冲信号上升沿到来时,SV 当前值变成 1;但是当第 3 个脉冲上升沿到来前,复位信号先到来,复位信号优先,在复位信号为 ON 的整个时间段内,脉冲计数端的信号无效,SV 恢复到初始值 3;当第 4 个脉冲信号前沿到来时,此时已无复位信号,计数器重新开始进行减计数,SV 当前值变为 2;当第 5 脉冲信号前沿到来时,计数器继续进行减计数,SV 当前值变为 1;当第 6 脉冲信号前沿到来时,SV 当前值减为

0,计数器有输出跳变为高电平;当第7个脉冲信号前沿到来时,SV 保持 0 不变,计数器输出继续保持高电平;当复位信号再次到来时,脉冲信号输入端计数无效,计数器复位输出跳变为低电平,SV 恢复到初始值 3。

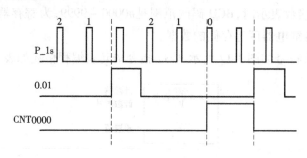

图 4-18 计数器运行时序图

4.3 专用指令

4.3.1 应用指令

1. 分支指令(IL/ILC)

指令名称:分支指令。

助记符代码:IL(002)。

指令含义:分支指令,没有操作数,在逻辑行的分支处形成新的母线,可以使编程格式更加直观。

指令名称:分支结束指令。

助记符代码:ILC(003)。

指令含义:分支结束指令,用于清除前面的分支指令,既没有输入条件,也没有操作数。

IL 和 ILC 一定要成对使用。IL/ILC 指令语句表编程格式如表 4-19 所示。

表 4-19 IL/ILC 指令语句表编程格式

梯形图		指令语句表			
		条	步	指令	操作数
0.00 0.01 IL(002) 互锁		0	0	LD	0.00
0.02 1.03			1	AND	0.01
			2	IL(002)	
0.03 1.05		1	3	LDNOT	0.02
			4	OUT	1.03
0.04		2	5	LD	0.03
			6	OR	0.04
			7	OUT	1.05
ILC(003) 清除互锁		3	8	ILC(003)	

在同一个逻辑行内、同一输入条件下进行多个输出时,在多个输出的分支处使用 IL 指令,在输出结束后使用 ILC 指令,可以节省步数。

当 IL 指令的输入条件为 ON 时,顺序执行从 IL 指令到 ILC 指令之间的指令语句。当 IL 指令的输入条件为 OFF 时,从 IL 指令到 ILC 指令之间各指令的输出状态是不同的,具体为:输出指令 OFF,内部辅助继电器为 OFF,定时器复位,计数器、移位寄存器指令、保持指令、置位指令保持当前状态。在 IL 输入条件不满足时,IL 与 ILC 之间的程序段仍然被扫描,时间周期不会缩短。

例 4-15 多次使用 IL/ILC 指令。

在程序中多次使用 IL/ILC 指令时,构成 IL-IL-ILC-ILC 的形式。IL 和 ILC 指令一般是成对使用。当 IL 指令和 ILC 指令之间存在 IL/ILC 指令时,由于 IL 和 ILC 不可嵌套使用,两个 IL 指令用一个 ILC 指令即可。在本程序中第 7 逻辑行的常开触点 0.07 已经不受 0.00 的控制,不与上面的分支控制相互关联,所以第 8 逻辑行的分支结束指令可以去除,否则程序检测时会出现 IL-ILC 报错。

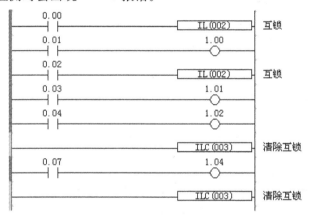

例 4-16 画出下列程序的运行时序图。

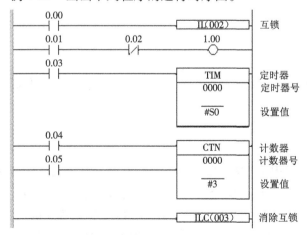

当 0.00 导通时,IL/ILC 执行条件满足,顺序执行 IL 与 ILC 之间的程序段,此程序段中有三个逻辑行。

第一逻辑行:当 0.01 导通,0.02 失电时,输出继电器 1.00 得电导通。

第二逻辑行:当 0.03 导通时,定时器 T0000 开始倒计时,5 s 之后定时器有输出。

第三逻辑行:当 0.04 上升沿到来时,计数器 C0000 进行倒计数,当 SV 值为 0 时,计数器有输出。

当 0.00 关断时,IL/ILC 执行条件不满足,输出继电器失电断开,定时器复位,计数器保持当前导通状态。此时,计数器的复位端信号无效,无法起到复位的作用。

当 0.00 再次导通时,输出继电器和定时器由于执行条件不满足,无法继续工作。此时,计数器复位端信号仍然存在,计数器复位,直至复位端信号消失时重新开始计数。

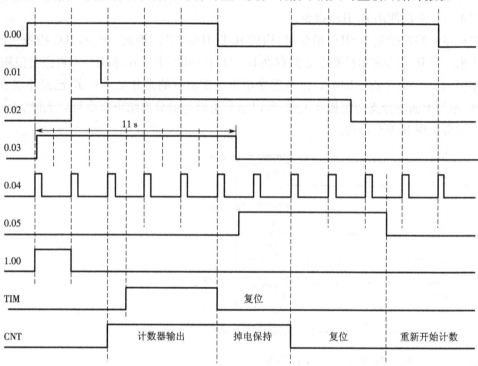

2. 跳步指令(JMP/JME)

指令名称:跳步指令。

助记符代码:JMP(004) N。

指令含义:跳步开始,N 为跳转号,N 的范围为 0 ~ 255。当输入条件无效时,使程序跳转至 N 所指定的相应标号处。

指令名称:跳步结束指令。

助记符代码:JME(005) N。

指令含义:跳步结束,N 为跳转号,JMP 和 JME 成对使用,表示 JMP N 开始的跳转结束。

JMP/JME 指令的图形符号如图 4-19 所示,指令语句表编程格式如表 4-20 所示。当 JMP 指令执行条件有效(ON)时,程序顺序执行;当执行条件无效(OFF)时,把程序的执行跳转至同一程序相同标号的 JME 处,继续执行 JME 后面的程序。JMP 与 JME 中间的指令不执行,不占用扫描时间,指令的执行时间不计,因而可以实现缩短周期时间;且输出指令、内部辅助继电器、定时器、计数器、移位寄存器指令、保持指令、置位指令所有指令均保持当前状态。

图 4-19　JMP/JME 指令的图形符号

表 4-20　JMP/JME 指令语句表编程格式

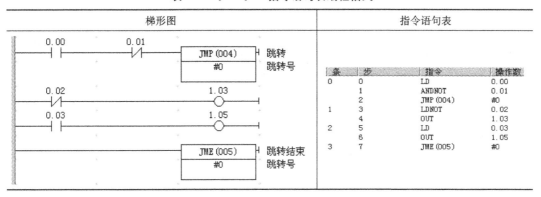

（1）JMP 和 JME 指令必须成对使用在主程序或在同一子程序中,主程序与子程序之间不允许使用跳转指令。

（2）多个跳步指令可对应同一个跳步结束指令,但一个跳步指令不可对应多个相同编号的跳步结束指令。

跳步指令可以实现两种状态的转换,如实现手动/自动运行切换,如图 4-20 所示。

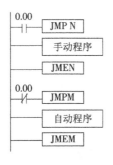

图 4-20　手动/自动运行切换程序

3. 微分指令(DIFU/DIFD)

1）DIFU 指令

指令名称:上升沿微分指令。

助记符代码:DIFU(013) B。

指令含义:输入信号上升沿到来的时刻(OFF 到 ON),指定操作位 B 接通一个扫描周期的时间,之后恢复到低电平。

DIFU 指令的图形符号如图 4-21 所示。DIFU 指令指定操作位 B 的寻址范围如表 4-21 所示。DIFU 指令语句表编程格式如表 4-22 所示。

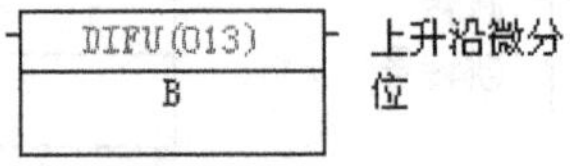

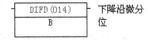

图 4-21　DIFU 指令的图形符号

表 4-21　DIFU 指令操作位 B 的寻址范围

地址类型	CIO(输出通道)	工作区	保持位区	辅助位区
寻址范围	0.00～39.00	W000.00～W511.15	H000.00～H511.15	1200.00～1499.15 3800.00～6143.15

2)DIFD 指令

指令名称:下降沿微分指令。

助记符代码:DIFD(014) B。

指令含义:输入信号下降沿到来的时刻(ON 到 OFF),指定操作位 B 接通一个扫描周期的时间,之后恢复到低电平。

DIFD 指令的图形符号如图 4-22 所示。DIFD 指令指定操作位 B 的寻址范围与 DIFU 指令一致。DIFD 指令语句表编程格式如表 4-22 所示。

图 4-22　DIFD 指令的图形符号

表 4-22　DIFU/DIFD 指令语句表编程格式

梯形图：

指令语句表：

条	步	指令	操作数
0	0	LD	0.00
	1	DIFU(013)	1200.00
	2	DIFD(014)	1200.01

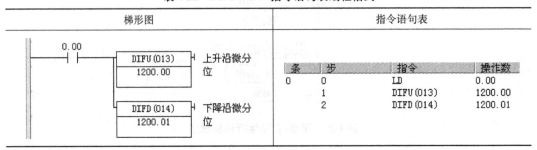

微分指令可以实现使一个长信号转换为短信号。微分指令常用于启动或断开条件的判断,或在程序设计中与 MOV 指令、MVN 指令等配合使用,完成在边沿(上升沿或下降沿)跳变的时刻只执行一次有效命令。

满足表 4-22 中 DIFU 和 DIFD 指令的时序图如图 4-23 所示。

(1)在 0.00 闭合的瞬间,上升沿微分指令接通一个扫描周期,使得内部辅助继电器 1200.00 有一个扫描周期的输出。

(2)在 0.00 断开的瞬间,下降沿微分指令接通一个扫描周期,使得内部辅助继电器

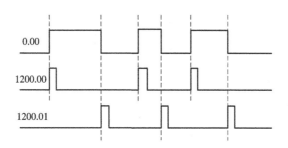

图 4-23　DIFU 和 DIFD 指令的运行时序图

1200.01 有一个扫描周期的输出。

4. 保持指令(KEEP)/移位寄存器指令(SFT)

1)KEEP 指令

指令名称:保持指令。

助记符代码:KEEP(011) B。

指令含义:保持继电器(自保持)的状态,B 为指定继电器操作位,保持指令也称为自锁指令。保持指令有两个输入端,上方输入端为置位端 S(Set),下方输入端为复位端 R(Reset)。当置位端信号为 ON 时,指定操作位 B 的状态为 ON,并且保持为高电平,即使置位信号不存在。当复位端信号为 ON 时,指定操作位 B 的状态为 OFF,并且保持为 OFF。

KEEP 指令的图形符号如图 4-24 所示。KEEP 指令操作位 B 的寻址范围如表 4-23 所示。KEEP 指令语句表编程格式如表 4-24 所示,表 4-24 中程序的运行时序图如图 4-25 所示。

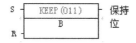

图 4-24　KEEP 指令的图形符号

表 4-23　KEEP 指令操作位 B 的寻址范围

地址类型	CIO(输出通道)	工作区	保持位区	辅助位区
寻址范围	0.00 ~ 39.00	W000.00 ~ W511.15	H000.00 ~ H511.15	1200.00 ~ 1499.15 3800.00 ~ 6143.15

表 4-24　KEEP 指令语句表编程格式

梯形图		指令语句表			
		条	步	指令	操作数
0.00 ────KEEP (011)─ 保持	0	0	LD	0.00
0.01 ──── 1.00 位		1	LD	0.01
			2	KEEP (011)	1.00

当置位端和复位端同时有信号到达时,复位信号优先,指定操作位 B 输出为 OFF 并保

73

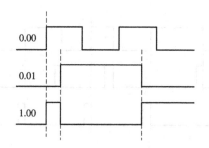

图 4-25 KEEP 指令的运行时序图

持。在复位端信号持续期间,置位端信号输入无效,指定操作位输出仍为 OFF。KEEP 指令具有掉电保持功能,即停电时也可以保存操作位当前的状态。KEEP 指令可将短信号转换为长信号。

保持指令也称为自锁指令,具有自锁功能,与"起 – 保 – 停"电路具有完成相同的功能,所以一个任务可以有完全不同的编程方式。

例 4-17 使用 KEEP 指令完成二分频电路。

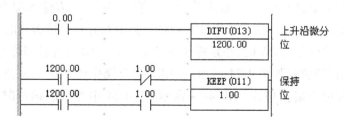

本例中使用 KEEP 指令完成触发电路,开关 0.00 的时序状态如图 4-26 所示,上升沿微分指令表示在触点上升沿有效,产生一个触发信号。在 0.00 的第一个上升沿到来的时刻,输出继电器 1.00 没有输出,所对应的常闭触点 1.00 处于闭合状态,此时 KEEP 指令的置位端为 ON;输出继电器 1.00 对应的常开触点断开,复位端没有信号输入为 OFF,输出继电器 1.00 有输出并且保持高电平。因为 0.00 只在上升沿发生效果,所以要等到第二个 0.00 的上升沿保持指令的输出状态才会发生变化。当输入端 0.00 的第二个上升沿到来的时刻,由于 1.00 一直处于导通状态,所对应的常闭触点断开,KEEP 指令的置位端信号变为 OFF;1.00 所对应的常开触点闭合,KEEP 指令的复位端信号为 ON,所以 KEEP 指令的输出端变成低电平。此时,1.00 为 OFF,它对应的常开触点和常闭触点都恢复到原始状态,如此重复前面的过程。

2)SFT 指令

指令名称:移位寄存器指令。

助记符代码:SFT(010)

$$D1$$
$$D2$$

指令含义:进行移位寄存器的动作。

SFT 指令的图形符号如图 4-27 所示。D1 表示移位范围的首通道(St),D2 表示移位范

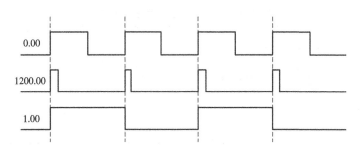

图 4-26 二分频程序的时序图

围的末通道(E),D1 和 D2 必须是同一区域种类。移位寄存器指令有三个输入端,从上到下分别代表数据输入端(IN)、移位脉冲信号输入端(CP)和复位输入端(R)。当移位脉冲信号输入上升沿到来时,数据输入端的状态(ON/OFF)移入至 D1 的最低位,从 D1 到 D2 所有通道中每一位的数据向高位移动 1 位,如 D1 的最高位移入 D1 + 1 通道的最低位,依次类推,D2 的最高位溢出,不保留。SFT 指令数据流如图 4-28 所示。

图 4-27 SFT 指令的图形符号

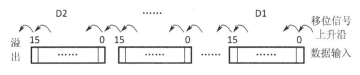

图 4-28 SFT 指令数据流

复位输入端为 ON 时,对从 D1 到 D2 所有通道的每一位数据进行复位(为 0),复位信号优先于其他输入端。D1 和 D2 必须是同一区域种类,首通道 D1 小于或等于末通道 D2。SFT 指令 D1/D2 通道范围如表 4-25 所示,SFT 指令语句表编程格式如表 4-26 所示。

表 4-25 SFT 指令 D1/D2 通道范围

地址类型	CIO(输出通道)	工作区	保持位区	辅助位区
通道范围	0 ~ 39	W000 ~ W511	H000 ~ H511	1200 ~ 1499 3800 ~ 6143

表 4-26　SFT 指令语句表编程格式

梯形图		指令语句表			
		条	步	指令	操作数
0.00 SFT(010) 移位寄存器		0	0	LD	0.00
0.01 H0 起始字			1	LD	0.01
0.02 H5 结束字			2	LD	0.02
			3	SFT(010)	H0
					H5

例 4-18　设计一个 48 位移位寄存器。

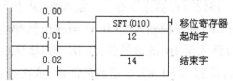

使用移位寄存器指令完成从 12CH 到 14CH 的 48 位移位工作,当移位脉冲信号输入端 0.01 上升沿到来时,数据输入端 0.00 的内容将在 12.00 ~ 14.15 中进行移位,具体过程如图 4-29 所示。

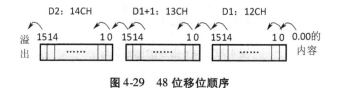

图 4-29　48 位移位顺序

4.3.2　数据处理指令

随着控制领域中新型控制算法和复杂控制策略对控制器计算能力的要求,新型 PLC 中普遍增设了较强的数据处理指令。

1. 传递指令/求反传递指令(MOV/MVN)

1)MOV 指令

指令名称:传递指令。

助记符代码:MOV(021) S

D

指令含义:将 S 数据或常数传送至目标通道 D 所指的字节存储单元。

MOV 指令的图形符号如图 4-30 所示。MOV 指令中 S/D 通道范围如表 4-27 所示。MOV 指令语句表编程格式如表 4-28 所示。S 为源通道,D 为目的通道。执行条件为 ON 时,把源通道的内容传送到目的通道内,源通道数据值不变。S 可为通道号,也可为常数。PLC 的工作模式是循环扫描,当输入条件为 ON 时,每个扫描周期均会执行此指令。若只需执行一次,可借助微分指令。

图 4-30　MOV 指令的图形符号

表 4-27　MOV 指令中 S/D 通道范围

地址类型	CIO	工作区	保持位区	辅助位区	数据区	常数
通道范围	0 ~ 39	W000 ~ W511	H000 ~ H511	1200 ~ 1499 3800 ~ 6143	D0 ~ D32767	#0 ~ FFFF

表 4-28　MOV 指令语句表编程格式

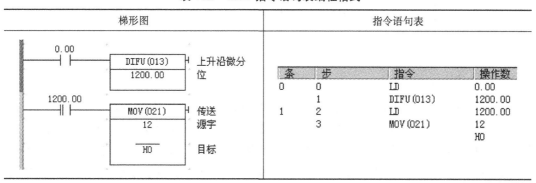

（1）表 4-28 程序中，输入触点 0.00 后串入上升沿微分指令，使 0.00 闭合期间传递指令只执行一次。若无上升沿微分指令，MOV 指令在 0.00 闭合期间的每个扫描周期运行一次。

（2）若 12 通道内存放数据为 #45A2，当 0.00 上升沿到来时，上升沿微分指令 1200.00 产生一个脉冲信号，执行 MOV 指令，12 通道内的数据传递到 H0 通道，H0 通道内存放的数据为 #45A2。

2）MVN 指令

指令名称：求反传递指令。

助记符代码：MVN（022）　S
　　　　　　　　　　　　D

指令含义：将 S 通道内容或常数取反，以 16 位为单位输出至指定目的通道。

MVN 指令的图形符号如图 4-31 所示。MVN 指令 S/D 通道范围与 MOV 指令一致。MVN 指令语句表编程格式如表 4-29 所示。

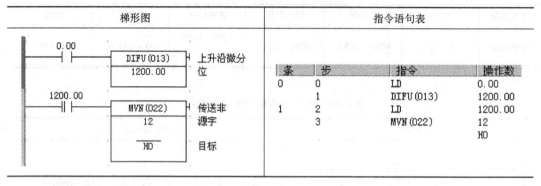

图 4-31 MVN 指令的图形符号

表 4-29 MVN 指令语句表编程格式

梯形图	指令语句表

S 为源通道,D 为目的通道。执行条件为 ON 时,把源通道的内容或常数的每一位取反后,以 16 位为单位传送到目的通道内。S 可以为通道号,也可以是常数。由于 PLC 的工作模式是循环扫描,当条件为 ON 时,会不断执行此指令。若只需执行一次,可借助微分指令。

(1)表 4-29 程序中,当 0.00 的上升沿到来时,1200.00 产生一个脉冲信号,MVN 指令执行一次。

(2)若 12 通道内的数据为#920D,写成二进制为 1001 0010 0000 1101,12 通道中每一位求反后得到新的数据为 0110 1101 1111 0010,即#6DF2,存入到 H0 中。

2. 字位移指令/比较指令(WSFT/CMP)

1)WSFT 指令

指令名称:字位移指令。

助记符代码:WSFT(016)

S

D1

D2

指令含义:进行以通道数据为单位的移位动作。

WSFT 指令的图形符号如图 4-32 所示。WSFT 指令中 S/D1/D2 通道范围如表 4-30 所示。WSFT 指令语句表编程格式如表 4-31 所示,表中程序数据流如图 4-33 所示。

图 4-32　WSFT 指令的图形符号

表 4-30　WSFT 指令中 S/D1/D2 通道范围

地址类型	CIO（输出通道）	工作区	保持位区	辅助位区	数据区	常数（只包括 S）
通道范围	0～39	W000～W511	H000～H511	1200～1499 3800～6143	D0～D32767	#0000～FFFF

表 4-31　WSFT 指令语句表编程格式

梯形图	指令语句表
0.00 WSFT (016)　字移动 H0　源字 10　起始字 13　结束字	条　步　指令　操作数 0　0　LD　0.00 　1　WSFT (016)　H0 　　　10 　　　13

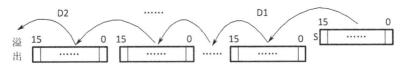

图 4-33　WSFT 数据流

字移位指令中,S 为移位数据,D1 为移位起始低位通道编号;D2 为移位高位通道编号,其中 D1 和 D2 必须是同一类型的区域,且 D1 小于或等于 D2。

当条件从 OFF 到 ON 时,从 D1 到 D2 逐字移位到高位通道,在最低位通道内输入 S 所指定的数据,原来的最高通道 D2 中的数据溢出。

2）CMP 指令

指令名称:比较指令。

助记符代码:CMP(020)

$$S1$$

$$S2$$

指令含义:对两通道的数据或常数进行无符号 BIN16 位(16 进制 4 位)的比较,将比较结果反映到状态标志中。

CMP 指令的图形符号如图 4-34 所示。CMP 不同标志位如表 4-32 所示。CMP 指令语句表编程格式如表 4-33 所示。

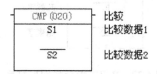

图 4-34　CMP 指令的图形符号

表 4-32　CMP 标志位含义

比较结果	标志位置 1	比较结果	标志位置 1
S1 > S2	P _ GT	S1 > = S2	P _ GE
S1 < S2	P _ LT	S1 < = S2	P _ LE
S1 = S2	P _ EQ	—	—

表 4-33　CMP 指令语句表编程格式

梯形图		指令语句表			
0.00 CMP (020) H0 #1000　比较 比较数据1 比较数据2		条	步	指令	操作数
		0	0	LD	0.00
			1	CMP (020)	H0
					#1000

S1 为比较数据 1,S2 为比较数据 2,比较指令是对 S1 和 S2 进行无符号的比较。S1 和 S2 可以是通道,也可以是常数,但 S1 和 S2 不能同时为常数。根据比较结果,不同的标志位被置位。

在执行比较指令时,比较结果将反映到不同的状态标志位中。使用标志位执行输出时有两点注意事项:

(1)为了保证输出结果正确,CMP 和标志位要有相同的输入条件;

(2)标志位和 CMP 指令之间不要加入其他指令,以免标志位发生变化。

例 4-19　检测到的货物重量存入 H0 地址单元,并与标称值 1000 进行比较,大于标称值时红灯亮,等于标称值时绿灯亮。

I/O 分配:输入　启动按钮 0.00　　　　输出　红灯 1.00

　　　　　　　　　　　　　　　　　　　　　　绿灯 1.01

(1)当输入触点 0.00 闭合时,H0 通道内存放的数据与 #1000 进行比较。当 H0 > 1000 时,标志位 P _ GT 被置位,1.00 导通;当 H0 = 1000 时,标志位 P _ EQ 被置位,1.01 导通。

(2)输入触点 0.00 作为比较指令和标志位共同的输入条件。

程序梯形图如下图所示。

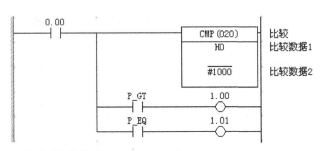

3. 数据转换指令(BIN/BCD)

1)BIN 指令

指令名称:BIN 指令。

助记符代码:BIN(023)

$$S$$
$$D$$

指令含义:将 BCD 数据转换为 BIN 数据。

BIN 指令的图形符号如图 4-35 所示。BIN 指令中 S/D 通道范围如表 4-34 所示。BIN 指令语句表编程格式如表 4-35 所示。

图 4-35　BIN 指令的图形符号

表 4-34　BIN 指令中 S/D 通道范围

地址类型	CIO(输出通道)	工作区	保持位区	辅助位区	数据区
通道范围	0 ~ 39	W000 ~ W511	H000 ~ H511	1200 ~ 1499 3800 ~ 6143	D0 ~ D32767

表 4-35　BIN 指令语句表编程格式

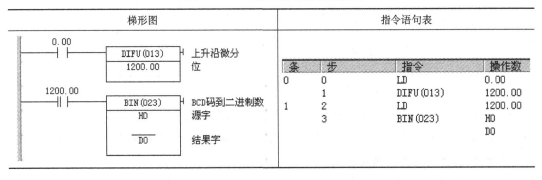

S 表示需要转换的数据源地址通道,D 表示转换结果存储的目的通道。其中,S 只能是

通道地址,不能是直接数。当输入条件满足时,将 S 地址单元内数据源的 BCD 码转换成 BIN 码,转换结果存储到 D 地址单元。

当输入条件为 ON 时,每个循环周期都会执行一次 BIN 指令。若需只执行一次,可使用上升沿微分指令。

表 4-35 中程序,当 H0 内的数据为#200 时,执行后 D0 内的数据为#00C8。

BCD(Binary-Coded Decimal)码称为 8421 码,也称二进制编码的十进制数。即将十进制的数以 8421 的形式展开为二进制,4 位二进制码为一组,分别代表十进制数的 0、1、2、3、4、5、6、7、8、9 十个数符,BCD 码遇 1001 就产生进位。

2) BCD 指令

指令名称:BCD 指令。

助记符代码:BCD(024)
$$S$$
$$D$$

指令含义:将 BIN 数据转换为 0 ~ 9999 范围内的 BCD 数据。

BCD 指令的图形符号如图 4-36 所示。BIN 指令中 S/D 通道范围与 BCD 指令一致。BCD 指令语句表编程格式如表 4-36 所示。

图 4-36　BCD 指令的图形符号

表 4-36　BCD 指令语句表编程格式

梯形图	指令语句表

梯形图		条	步	指令	操作数
0.00 —┤├— DIFU(013) 1200.00 上升沿微分位		0	0	LD	0.00
			1	DIFU(013)	1200.00
1200.00 —┤├— BCD(024) H0 D0 二进制数到BCD码 源字 结果字		1	2	LD	1200.00
			3	BCD(024)	H0
					D0

S 表示需要转换的数据源地址通道,D 表示转换结果存储的目的通道。其中,S 只能是通道地址,不能为直接数。当输入条件满足时,将 S 地址单元内数据源的 BIN 码转换成 BCD 码,转换结果存储到 D 地址单元。

当输入条件为 ON 时,每个循环周期都会执行一次 BCD 指令。若需只执行一次,可使用上升沿微分指令。由于 BCD 码转换后的范围为 0000 ~ 9999,所以源通道 S 内的 BIN 码数据的范围是 0000 ~ 270F。若 S 的内容超过这个范围,系统会出错误警告。

表 4-36 中程序,H0 存放的数据为 #10AB。当 0.00 的条件为 ON 时,由于上升沿微分指令,BCD 码只转换一次,转换结果存放在数据区 D0 通道内,数据为 #4267。

4. 加法指令/减法指令(+B/ +BC)/(−B/ −BC)

1)加法指令

指令名称:无进位(CY)BCD 加法指令。

助记符代码: +B (404)

　　　　　　　 S1

　　　　　　　 S2

　　　　　　　 D

指令含义:+B 指令为无进位的 BCD 码加法指令,对通道数据和常数进行 BCD 4 位加法运算。

+B 指令的图形符号如图 4-37 所示。无进位加法指令运算过程如图 4-38 所示。 +B 指令中 S1/S2/D 通道范围如表 4-37 所示。 +B 指令语句表编程格式如表 4-38 所示。

图 4-37　+B 指令的图形符号　　　　　　　图 4-38　无进位加法指令运算过程

表 4-37　+B 指令中 S1/S2/D 通道范围

地址类型	CIO(输出通道)	工作区	保持位区	辅助位区	数据区	常数(只包括 S1 和 S2)
通道范围	0 ~ 39	W000 ~ W511	H000 ~ H511	1200 ~ 1499 3800 ~ 6143	D0 ~ D32767	#0 ~ 9999

表 4-38　+B 指令语句表编程格式

梯形图	指令语句表

S1 表示被加数,S2 表示加数,D 存放运算结果。S1 或 S2 的内容不为 BCD 时,将发生错

误。被加数和加数可以是常数,也可以是指定通道内的数据。当加法执行条件为 ON 时,被加数和加数相加,运算结果存放在 D 地址单元,有进位时进位标志位 CY 为 ON。

(1)表 4-38 中被加数为 BCD 码#5000,H0 表示加数通道号。若 H0 内存储的数据为#200,当 0.00 为 ON 时,执行不带进位加法运算,运算结果存放到 W0 通道内,运算结果为#5200。

(2)若通道 H0 内存储的数据大于#4999,产生进位,"P_CY"自动为 ON。

(3)+B 指令执行条件为 ON 时,每个循环周期都会执行此运算。若只需运算一次,可借助微分指令。

指令名称:带进位(CY)BCD 加法指令。

助记符代码:+BC(406)

     S1

     S2

     D

指令含义:+BC 指令为带进位的 BCD 码加法指令,对通道数据和常数进行包含进位(CY)标志在内的带符号 BCD 4 位加法运算。

+BC 指令的图形符号如图 4-39 所示。带进位加法指令运算过程如图 4-40 所示。+BC 指令中 S1/S2/D 通道范围和+B 指令一致。+BC 指令语句表编程格式如表 4-39 所示。

图 4-39 +BC 指令的图形符号   图 4-40 带进位加法指令运算过程

表 4-39 +BC 指令语句表编程格式

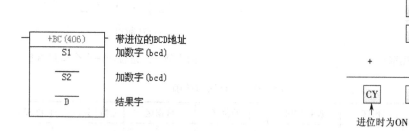

梯形图		指令语句表			
		条	步	指令	操作数
		0	0	LD	0.00
			1	DIFU(013)	1200.00
		1	2	LD	1200.00
			3	+BC(406)	H0
					H1
					W0

S1 表示被加数,S2 表示加数,D 存放运算结果。S1 或 S2 的内容不为 BCD 时,将发生错

误。被加数和加数可以是常数,也可以是指定通道内的数据。当加法执行条件为 ON 时,被加数、加数和进位 CY 进行加法运行,运算结果存放在 D 地址单元,有进位时进位标志位 CY 为 ON。

此条指令在条件为 ON 时,每个循环周期都会执行此运算。若只需运算一次,可借助微分指令。若要在运算前清除进位标志位 CY 的状态,可执行 CLC 指令。

(1)在进行加法运算中,输入触点 0.00 后串联上升沿微分指令,使加法指令只执行一次。若没有上升沿微分指令,加法运算在输入触点 0.00 闭合期间每一扫描周期执行一次。

(2)表 4-39 中程序,被加数存储在 H0 通道内,加数存储在 H1 通道内。若 H0 内存储的数据为#200,H1 内存放的数据是#140。当 0.00 为 ON 时,执行带进位加法运算。若此时进位标志位 CY 内为 1,运算结果存放到 W0 通道内,可通过观察窗口直接查看运算结果为 341。

2)减法指令

指令名称:无进位(CY)-B 减法指令。

助记符代码:-B(414)

　　　　　　　S1
　　　　　　　S2
　　　　　　　D

指令含义:-B 指令为无进位的 BCD 码减法指令,对通道数据和常数进行 BCD 4 位的减法运算。

-B 指令的图形符号如图 4-41 所示。无进位减法运算过程如图 4-42 所示。-B 指令中 S1/S2/D 的通道范围与加法指令 +B 一致。-B 指令语句表编程格式如表 4-40 所示。

图 4-41　-B 指令的图形符号　　　　　　　图 4-42　无进位减法指令运算过程

表 4-40　-B 指令语句表编程格式

梯形图	指令语句表
（见图）	（见图）

S1 表示被减数,S2 表示减数,D 存放运算结果。被减数和减数可以是常数,也可以是指定通道内的数据。当减法执行条件为 ON 时,被减数减去减数,运算结果存放在 D 地址单元,有借位时进位标志位 CY 为 ON。结果转为负数时,以 10 的补数输出到 D。

此条指令当条件保持为 ON 时,每个循环周期都会运行一次减法指令。若只希望运算一次,可借助上升沿微分指令,在上升沿处,只执行一次减法运算。

上例中被减数 H0 内存储的数据为#200,减数是直接数#50。当 0.00 为 ON 时,执行不带借位的减法运算,运算结果存放到 W0 通道内,运算结果为 150。

当被减数小于减数时,减法运算结果出现负值,这时利用补数输出减法运算结果。对于个位数,它的 10 的补数是从 9 减去它本身,然后加 1 的值。在 - B 指令中为 4 位 BCD 码,某一个 4 位数 A 的 10 的补数是 9999 减去它本身,再加 1 得到补数 B。通过 10 的补数 B 求 A,$A = 10000 - B$。

例 4-20　- B 减法运算。

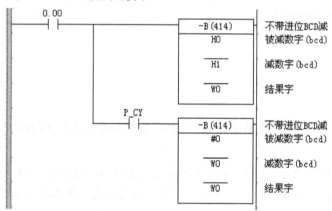

若被减数 H0 内存放的是#5404,减数 H1 内存放的是#6700。第一次执行 - B 指令时,被减数小于减数,出现借位,进位标志位 CY 为 ON。被减数借 1,5404 - 6700 = 8704,运行结果存放在 W0 内,数据为 8704。由于此时进位标志位 CY 为 ON,执行第二个 - B 指令,仍需借位,0000 - 8704 = 1296,运行结果仍存放在 W0 内,数据为 1296,为最终的运算结果,此时进位标志位为 ON。

指令名称:带借位(CY) - BC 减法指令。

助记符代码: - BC(416)

$$S1$$
$$S2$$
$$D$$

指令含义: - BC 指令为带借位的 BCD 码减法指令。

- BC 指令的图形符号如图 4-43 所示。带借位减法指令运算过程如图 4-44 所示。- BC 指令中 S1/S2/D 的通道范围与加法指令 + B 一致。- BC 指令语句表编程格式如表 4-41 所示。

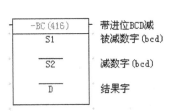

图 4-43 -BC 指令的图形符号

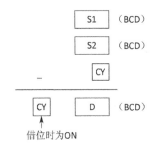

图 4-44 带借位减法指令运算过程

表 4-41 -BC 指令语句表编程格式

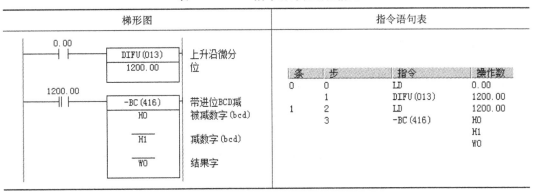

S1 表示被减数,S2 表示减数,D 存放运算结果。被加数和加数可以是常数,也可以是指定通道内的数据。被减数减去减数,再减去进位 CY,运算结果存放在 D 地址单元,运算结果有借位时进位标志位 CY 为 ON;运算结果为负值时,以 10 的补数输出到 D。

此条指令在条件为 ON 时,每个循环周期都会执行此运算。若只需运算一次,可借助微分指令。若要在运算前清除进位标志位 CY 的状态,可执行 CLC 指令。

表 4-41 中程序为带借位的减法,被减数存储在 H0 通道内,减数存储在 H1 通道内,若 H0 内存储的数据为#200,H1 内存放的数据是#140。当 0.00 为 ON 时,执行带借位减法运算。若此时进位标志位 CY 内为 1,运算结果存放到 W0 通道内,运算结果为 59。

5. 置进位指令/清零指令(STC/CLC)

1)STC 指令

指令名称:置进位指令。

助记符代码:STC。

指令含义:STC 指令将 CY 标志置为 ON。

STC 指令是当输入条件为 ON 时,将进位标志位 CY 置 1。置进位指令是专门针对进位标志位进行操作的指令,在书写时不需要任何操作数。

STC 指令的图形符号如图 4-45 所示,STC 指令语句表编程格式如表 4-42 所示。

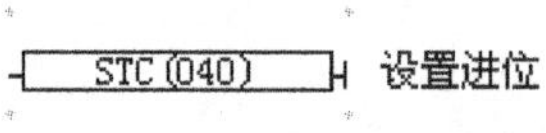

图 4-45　STC 指令的图形符号

表 4-42　STC 指令语句表编程格式

梯形图	指令语句表			
	条	步	指令	操作数
0.00　　STC(040)　设置进位	0	0	LD	0.00
		1	STC(040)	

2）CLC 指令

指令名称：清零指令。

助记符代码：CLC。

指令含义：CLC 指令将 CY 标志置为 OFF。

CLC 指令是当输入条件为 ON 时，将进位标志位 CY 置 0。在带符号位的加减乘除四则运算中，为了避免产生计算误差，先使用 CLC 指令对进位标志位 CY 清零。

CLC 指令的图形符号如图 4-46 所示，CLC 指令语句表编程格式如表 4-43 所示。

图 4-46　CLC 指令的图形符号

表 4-43　CLC 指令语句表编程格式

梯形图	指令语句表			
	条	步	指令	操作数
0.00　　CLC(041)　清除进位	0	0	LD	0.00
		1	CLC(041)	

6. 复位/置位指令（SET/RSET）

1）SET 指令

指令名称：置位指令。

助记符代码：SET B。

指令含义：当输入信号上升沿到来时，指定操作位 B 强制置 1，变为高电平 ON，并且一直保持高电平状态。

SET 指令的图形符号如图 4-47 所示。SET 指令操作位 B 的寻址范围如表 4-44 所示。SET 指令语句表编程格式如图 4-44 所示。

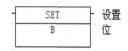

图 4-47 SET 指令的图形符号

表 4-44 SET 指令操作位 B 寻址范围

地址类型	CIO(输出通道)	工作区	保持位区	辅助位区
寻址范围	0.00 ~ 4000.00	W000.00 ~ W511.15	H000.00 ~ H511.15	1200.00 ~ 1499.15 3800.00 ~ 6143.15

表 4-45 SET/RSET 指令语句表编程格式

梯形图	指令语句表

0.00   0.01
 ├┤ ──├┤── SET 设置位
           1.00
 	
0.02
├┤── RSET 复位位
      1.00
	条 步 指令 操作数
	0 0 LD 0.00
	   1 AND 0.01
	   2 SET 1.00
	1 3 LD 0.02
	   4 RSET 1.00

输入条件满足之后,无论输入条件是 ON 或 OFF,输出状态仍保持不变,与输入条件的状态不再有任何关系。若要使操作位 B 变成 OFF 状态,需要配合 RSET 指令使用。

2)RSET 指令

指令名称:复位指令。

助记符代码:RSET B。

指令含义:当输入信号上升沿到来时,指定操作位 B 强制置 0,变为低电平 OFF,并且一直保持低电平状态。

RSET 指令的图形符号如图 4-48 所示。RSET 指令操作位 B 的寻址范围与 SET 指令一致。RSET 指令语句表编程格式如表 4-45 所示。

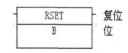

图 4-48 RSET 指令的图形符号

输入条件满足之后,无论输入条件是 ON 或 OFF,输出状态都不再改变,与输入条件的状态不再有任何关系。若要使操作位 B 变成 ON 状态,需要配合 SET 指令使用。当 SET、RSET 执行条件同时有效时,复位指令优先。

置位/复位指令可以对特定的操作位进行置位或复位操作,操作方便,直接达到控制输出的效果。但 SET/RSET 不能直接对定时器、计数器进行置位/复位。当 SET/RSET 指令配合使用时,与 KEEP 指令完成相同的功能。但 KEEP 指令必须将置位输入端和复位输入端放在同一位置,而 SET/RSET 指令可以分开使用。另外,针对同一地址单元的继电器操作位,可多次使用 SET/RSET 指令进行输出状态的控制,使用次数不限。

例 4-21 使用 SET/RSET 指令完成"启 – 保 – 停"程序设计。

I/O 分配: 输入 启动按钮 0.00 输出 电机 1.00

停止按钮 0.01

程序梯形图:

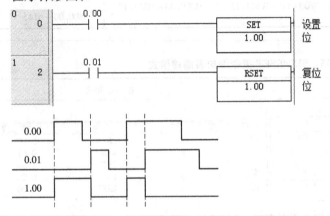

置位与复位指令配合使用可用于电动机的启停控制程序。输入触点 0.00 有输入时,输出触点 1.00 被置位,并保持接通状态,直至对其进行复位操作。输入触点 0.01 有输入时,输出触点 1.00 被复位,并保持断开状态,直至对其进行置位操作。

7. 解码/编码指令(MLPX/DMPX)

1)MLPX 指令

指令名称:4 – 16 解码器指令。

助记符代码:MLPX (076)

S
K
D

指令含义:读取指定通道的指定位,在指定通道的相对位输出 1,在其他位输出 0。MLPX 指令的图形符号如图 4-49 所示。

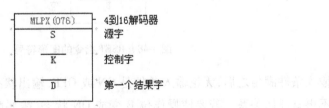

图 4-49 MLPX 指令的图形符号

S 表示转换数据源字,K 表示控制字,D 表示转换结果输出首字。根据控制字(K)完成 4 – 16 解码器。S 通道内的 16 位数据从低位开始分为 4 组,从低位至高位分别为位 0、位 1、位 2、位 3。S 和 K 通道具体含义如图 4-50 所示,S/D 通道范围如表 4-46 所示。MLPX 指令语句表编程格式如表 4-47 所示。

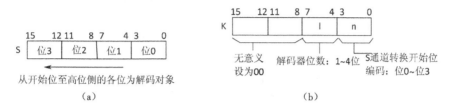

图 4-50 S/K 通道含义

(a)S 通道位位置分配 (b)K 通道内参数含义

表 4-46 MLPX 指令中 S/D 通道范围

地址类型	CIO(输出通道)	工作区	保持位区	辅助位区	数据区
通道范围	0 ~ 39	W000 ~ W511	H000 ~ H511	1200 ~ 1499 3800 ~ 6143	D0 ~ D32767

表 4-47 MLPX 指令语句表编程格式

梯形图	指令语句表

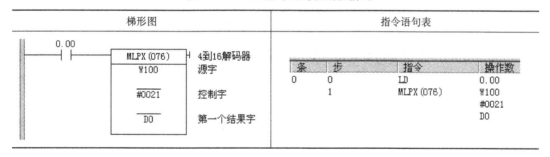

4 – 16 解码器:通过解码位数(K)指定转换位数。转换对象的顺序是从 S 通道位 n 开始,连续到高位侧(1+1)位的内容,将位 n 的 4 位 BIN 值视为位编号(0 ~ 15)。转换结果从 D 通道开始存放,与位编号相应的位输出 1,其他各位输出 0。D 存放解码位第 1 位解码结果,以此类推至 D + 3,D ~ (D + 3)必须为同一区域类型。

在表 4-47 程序中,完成 4 – 16 解码,W100 通道存放#FA64。当 0.00 为 ON 时,将 W100 通道从位 1 开始,连续 3 位的 BIN 值作为位编号,在 D0 ~ D2 通道内相应的对象位设为 1,其他位均为 0。MPLX 解码器指令应用过程中具体通道内部数据如图 4-51 所示。W100 通道中位 1 存放的是 6,6 作为位编码,解码器指令运算结果存放至 D0 通道,与位编码 6 相应的位置 1,其他位为 0,D1、D2 以此类推。

2)DMPX

指令名称:16 – 4 编码器指令。

助记符代码：DMPX（077）　S
　　　　　　　　　　　　　 K
　　　　　　　　　　　　　 D

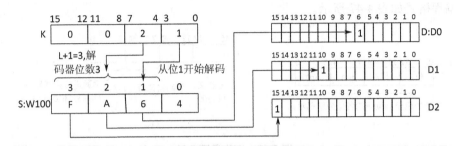

图 4-51　MPLX 解码器指令应用

指令含义：读取指定通道 16 位中最高位的 1，转换成 4 位 BIN 值输出到指定通道的指定位。DMPX 指令的图形符号如图 4-52 所示。

图 4-52　DMPX 指令的图形符号

　　S 表示编码位中首位编码对象，S+1 为第 2 位编码对象，以此类推到 S+3。D 表示转换结果输出目的通道，D 通道内的 16 位数据从低位开始分为 4 组，从低位至高位分别为位 0、位 1、位 2、位 3。K 表示控制字，根据控制字（K）完成 16－4 编码器。K 和 D 通道具体含义如图 4-53 所示，S/D 通道范围与 MLPX 指令一致。MLPX 指令语句表编程格式如表 4-48 所示。

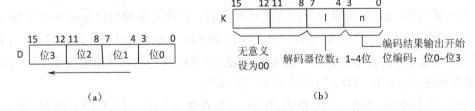

(a)　　　　　　　　　　　　　　(b)

图 4-53　D/K 通道含义

(a)D 通道位置分配　(b)K 通道内参数含义

表4-48　DMPX指令语句表编程格式

梯形图	指令语句表			
	条	步	指令	操作数
	0	0	LD	0.00
		1	DMPX(077)	200 D0 #0031

梯形图：
```
   0.00
───┤├───┬─── DMPX(077) ───┐  16到4编码器
              200            第一个源字
              ──            
              D0             结果字
              ──
              #0031          控制字
```

16－4编码器：控制字K中l表示编码位数,n表示转换结果存放至目的通道D的首位位号。编码器进行多位转换时,从S通道连续至(l+1)通道内的16位中,最高位1所代表的位作为位编号(1~15),转换成BIN值(0~F Hex)后输出至D的指定位。

在表4-48程序中,当0.00为ON时,执行16－4编码器指令。将200~203CH的4个通道内16位中最高位1作为位编号,转换成16进制存放至D0的指定位置。控制字K=#0031,最低位为1,表示从位1开始存放,到位3后返回至位0。DMPX编码器指令应用过程中具体通道内部数据如图4-54所示。

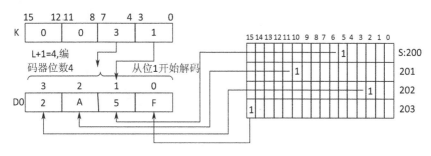

图4-54　DMPX编码器指令应用

本章小结

本章介绍的指令系统有基本指令、应用指令和数据处理指令,熟练地掌握这些指令的使用方法是编程的基础。在使用时需特别注意指令格式、逻辑符号、功能与指定继电器寻址范围,否则程序会因为语法错误无法编译。

基本指令包括:LD/LD-NOT指令、OUT/OUT-NOT指令、AND/AND-NOT指令、OR/OR-NOT指令、AND-LD指令、OR-LD指令、TIM指令、CNT指令。

应用指令包括:IL/ILC指令、JMP/JME指令、SFT指令、KEEP指令、DIFU/DIFD指令。

数据处理指令包括:MOV/MVN指令、WSFT指令、CMP指令、BIN/BCD指令、+B/+BC指令、-B/-BC指令、STC/CLC指令、SET/RSET指令、MLPX/DMPX指令。

思考题与习题

1.完成以下题目梯形图程序和指令语句表的相互转换。

(1)

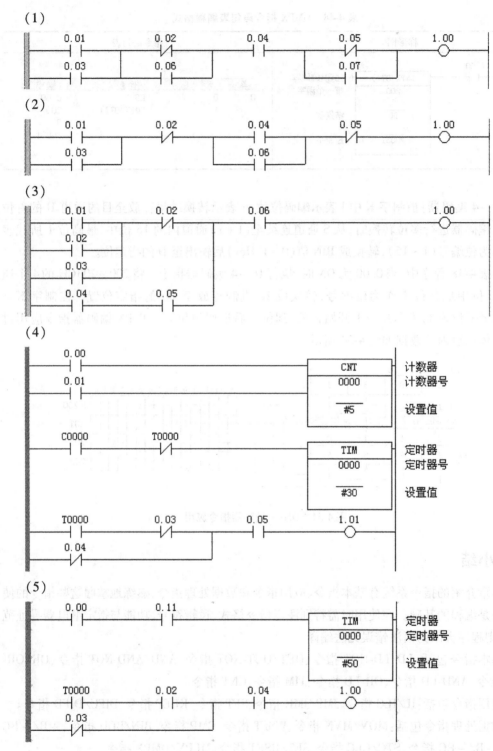

(2)

(3)

(4)

(5)

（6）

条	步	指令	操作数
0	0	LD	0.00
	1	OR	0.02
	2	LD	0.01
	3	OR	0.03
	4	ANDLD	
	5	LDNOT	0.04
	6	ORNOT	0.05
	7	ANDLD	
	8	LD	0.06
	9	AND	0.07
	10	ORLD	
	11	OUT	1.00
1	12	END(001)	

（7）

条	步	指令	操作数
0	0	LD	0.00
	1	AND	0.01
	2	DIFU(013)	W0.00
1	3	LD	W0.00
	4	AND	0.02
	5	MOV(021)	H0
			H1
2	6	LD	0.04
	7	AND	H0.01
	8	LD	0.05
	9	ANDNOT	0.06
	10	ORLD	
	11	OUT	1.00
3	12	END(001)	

2. 按照下面的梯形图程序画出时序图。

（1）

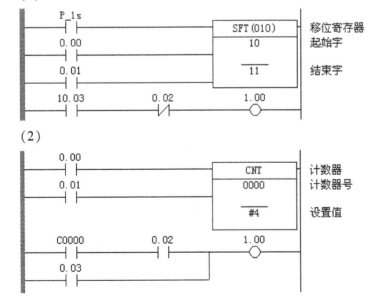

（2）

95

（3）

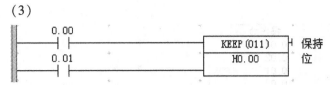

3. 程序设计。

电机控制。

（1）启动按钮闭合时,电动机 A 启动,5 min 后电动机 B 自动启动,停止按钮按下时,电动机 A 停止,再过 6 min,电动机 B 停止。

（2）启动按钮按下后,电动机 A 启动,5 s 后电动机 A 停止,再过 5 s,电动机 B 启动,停止按钮按下时,电动机 B 停止。

（3）启动按钮按下后,电动机在轨道上从开始位置正向行驶,碰到行程开关时,电动机沿轨道返回,碰到起始位置的行程开关时,电动机停止。

（4）两台电动机具有手动/自动两种控制方式。

手动操作:电动机 A、B 分别由各自的启动和停止按钮控制。

自动操作:按下启动按钮,电动机 A、B 顺序启动,间隔时间 10 s;停止按钮按下,两台电机同时停止。

（5）三台电机顺序启动,每台电动机都备有启动按钮和停止按钮。电动机 A 启动后,电动机 B 才可以启动,电动机 B 启动后,电动机 C 才可以启动。当有三台电机同时工作时,系统过载,5 s 后三台电机均停止。

彩灯控制。

控制要求:用 SFT 指令完成九个彩灯的交替循环控制,9 个灯中 1、4、7 为一组,2、5、8 为一组,3、6、9 为一组,一个启动按钮,一个停止按钮。

第5章 编程原则及常用电路

◆本章要点

1. 可编程序控制器程序设计编程原则。
2. 可编程序控制器程序设计常用电路。

不同的生产厂家,其 PLC 具有不同的编程语言形式,即使同一生产厂家的机器型号,其编程语言也不尽相同。由于目前尚未有国际统一的通用标准,各制造商梯形图编程语言差异较大。梯形图语言是在继电器 – 接触器控制系统电气原理图基础上演变而来的,沿用了电气原理图术语,并结合了微机的特点,图形直观,可读性强,是目前应用最广泛的一种 PLC 编程语言。

在工程设计中采用何种编程方式与设计人员的技术水平和经验有较大关系,本章主要介绍程序设计的基本原则、编程技巧和常用基本电路。本章需要重点掌握 PLC 应用中基本单元组合和典型控制环节,熟练掌握这些单元和环节的结构,可使程序设计更加简单有效。二分频和单按钮启停等电路均有多种实现方式,如何灵活应用于工程实践并改造成适合的结构形式是本章学习的难点。

5.1 梯形图设计中的原则

(1)所有输入/输出继电器、内部继电器、定时器、计数器所对应的常开触点或常闭触点可以无限次使用,且根据程序需要,可以出现在程序的任意位置。

(2)梯形图的每一个逻辑行程序从左母线开始,以右母线结束,且右母线可省略。

(3)程序中串联、并联触点,使用次数不限。

(4)定时器和计数器等功能指令不能直接产生输出,必须配合输出指令才能输出。

(5)输出线圈的使用规则。

①输出线圈只能放在逻辑行的结束端,与右母线直接相连,输出线圈和右母线之间不允许有其他任何触点或继电器,如图 5-1 所示。

②所有输出继电器可以作为内部辅助继电器,辅助编程使用,且使用次数不限。只有输出继电器可以驱动外部设备,若把输出继电器作为内部辅助继电器使用,占用输出继电器资源,使得 PLC 输出端对外控制的点数减少,当被控外设较多时,不采用这种方式。

③输出线圈不能与左母线直接相连。当需要输出线圈直接输出时,可在左母线和输出线圈之间添加继电器。具体可采用以下两种方式:使用程序中未调用的内部辅助继电器所对应的常闭触点,中间使用内部专用继电器 P _ On(常通继电器),如图 5-2 所示。

④不可重复输出,即输出线圈的继电器编号不可重复,否则系统会警告,如图 5-3 所示。

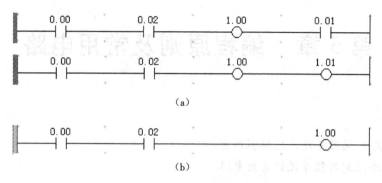

图 5-1　输出线圈编程原则 1

（a）错误梯形图　（b）正确梯形图

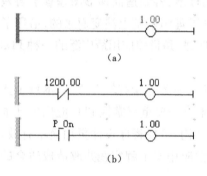

图 5-2　输出线圈编程原则 3

（a）错误梯形图　（b）正确梯形图

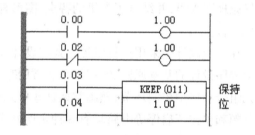

图 5-3　输出线圈编程原则 4

⑤当一个逻辑行结束端有多个输出线圈时,采用并联输出方式,否则系统会报错,如图 5-4 所示。

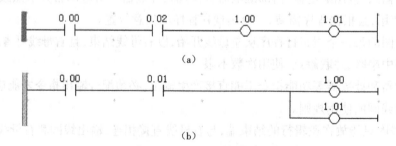

图 5-4　输出线圈编程原则 5

（a）错误梯形图　（b）正确梯形图

5.2　编程技巧

1. 电路块的重新排列

多个电路块串并联时,在不改变程序功能的原则下,适当调整电路块的位置,可简化指令语句表语言,减少指令条数,有效地节约用户程序区域。

(1)两个或多个电路块串联时,把并联触点多的电路块移至逻辑行的最左侧,如表5-1 和表5-2 所示。

表 5-1　逻辑块串联电路 1

梯形图		指令语句表			
		条	步	指令	操作数
0.00　0.01　1.00		0	0	LD	0.00
0.02			1	LD	0.01
			2	OR	0.02
			3	ANDLD	
			4	OUT	1.00

表 5-2　逻辑块串联电路 2

梯形图		指令语句表			
		条	步	指令	操作数
0.01　0.00　1.00		0	0	LD	0.01
0.02			1	OR	0.02
			2	AND	0.00
			3	OUT	1.00

以上两段程序实现的逻辑功能相同,但第一种方式比第二种方式多一条指令语句,多占用用户程序的使用区域,故应尽量把并联触点多的电路块移至逻辑行的最左侧。

(2)两个或两个以上电路块并联时,把串联触点多的电路块移至上方,如表5-3 和表5-4所示。

表 5-3　逻辑块并联电路 1

梯形图		指令语句表			
		条	步	指令	操作数
0.00　1.00		0	0	LD	0.00
0.01　0.02			1	LD	0.01
			2	AND	0.02
			3	ORLD	
			4	OUT	1.00

表 5-4　逻辑块并联电路 2

梯形图		指令语句表			
		条	步	指令	操作数
0.01　0.02　1.00		0	0	LD	0.01
0.00			1	AND	0.02
			2	OR	0.00
			3	OUT	1.00

以上两段程序实现的逻辑功能相同,但第一种方式比第二种方式多一条指令语句,结构不够合理。多条支路并联时,尽量把串联触点多的支路块放至逻辑行的上方,单个触点放在最下方。

特殊情况要考虑程序段的前后逻辑次序。电路块重新排列要遵循的重要原则是一定不可改变梯形图的逻辑功能。如例5-1中,两个结构相近梯形图实现不同的逻辑功能。

例5-1 画出下方两个梯形图的时序图。

(1)

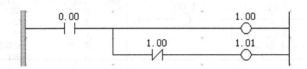

当0.00导通时,输出继电器1.00导通,所对应的常闭触点断开。PLC采用循环扫描的工作方式,每个逻辑行的工作顺序为从左到右、从上到下。当1.00导通后,第二条支路输出触点1.00所对应的常闭触点一直处于断开状态,1.01一直未导通,没有输出信号。时序图如图5-5所示。

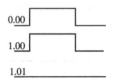

图5-5 梯形图及时序图(1)

(2)

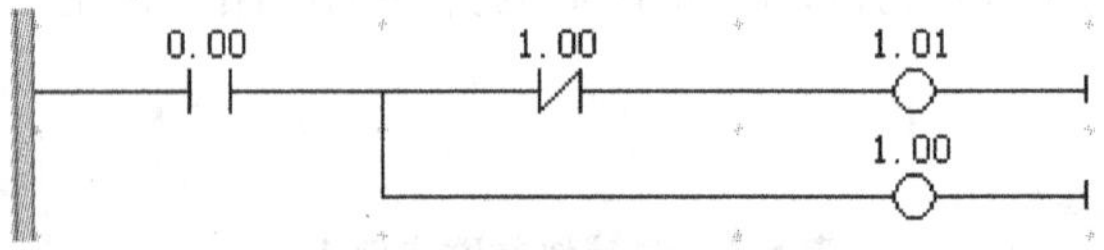

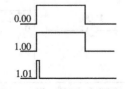

同一个逻辑行内输入触点0.00后的两个支路上下交换位置顺序,会实现完全不同的效果。当0.00导通时,第一个扫描周期内1.00没有输出信号,其所对应的常闭触点保持闭合状态不变,输出继电器1.01导通,第二个支路输出继电器1.00导通;第二个扫描周期,此刻1.00已导通,其所对应的常闭触点断开,第一个支路上输出继电器1.01断开,第二个支路输出继电器1.00未受影响继续导通。可见,此程序输出继电器1.01导通一个扫描周期,但由于时间过短,软件仿真时可能无法用眼睛直接观察到,可借助其他指令观察。时序图如图5-6所示。

图5-6 梯形图及时序图(2)

2. 桥式电路的化简

桥式电路无法在编程软件中直接编程,不符合梯形图输入的原则,必须经过转化。转化过程应保证逻辑功能保持不变。

桥式电路如图5-7(a)所示,化简的原则不能使原有路径减少,如图5-7(b)所示总共有4条路径;化简需要把4条路径全部列出,如图5-7(c)所示;再用前面涉及的化简方法进行合并化简,得到如图5-7(d)所示的化简梯形图。

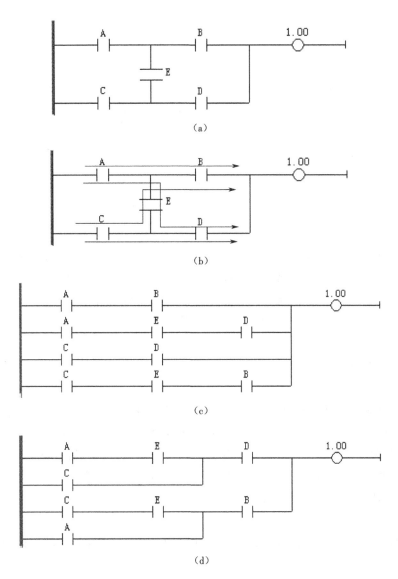

图 5-7　桥式电路以其化简路径

(a)桥式电路　(b)桥式4条路径　(c)4条路径的梯形图　(d)化简电路

3. 增补触点法

如图5-8(a)所示梯形图结构比较复杂,逻辑关系不够清晰。可使用电路块重排的方式

101

进行简化,但是出现过多的连接指令,如 AND-LD 或 OR-LD。这里可用如图 5-8(b)所示的方式化简,虽增加了触点,程序中指令条数增加,但化简后的梯形图逻辑关系清晰,减少了连接指令的使用。

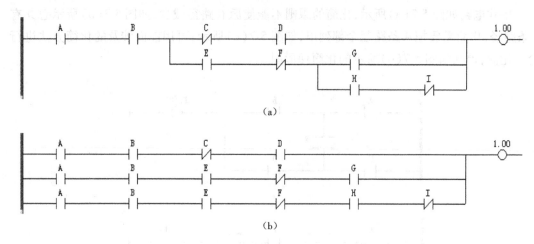

图 5-8　增补触点法

(a)原梯形图　(b)增补触点后的等效梯形图

4. 复杂电路

当梯形图过于复杂时,前面的化简方式不再适用。如图 5-9(a)所示,电路块串、并联比较烦琐,这时把整个梯形图划分成 4 个电路块,如图 5-9(b)所示。其中,电路块 1 和 3 之间是并联连接,使用 OR-LD 连接指令,并联之后的整体电路块和电路块 2 串联连接,使用 AND-LD 连接指令,最后与逻辑行最下方的电路块 4 并联,使用 OR-LD 连接指令。指令语句表如图 5-9(c)所示。

5. 内部辅助继电器的使用

1)短信号变成长信号

常用开关分为点动开关和自锁开关。当点动开关按下时,开关吸合,它所对应的常开触点闭合,常闭触点断开;当手离开开关时,开关断开,它所对应的所有触点恢复原状态。自锁开关按下后,开关吸合并保持。利用点动开关实现自锁控制,可借助内部辅助继电器实现。利用内部辅助继电器把短输入信号变为长信号,实现控制要求。如图 5-10 所示,输入继电器 0.00 对应的外部触点为点动开关。

2)辅助编程

内部辅助继电器在编写程序时作为辅助节点使用,并不需要用输出结果控制外部设备,提高程序可读性。

6. 常闭触点的处理

"启 – 保 – 停"电路在工业生产中使用相当广泛,需实现启动、停止功能。由于外部接线不同,梯形图程序也会发生相应的变化。现对两种情况进行分析。

(1)0.00 受外部开关 SB1 控制,0.01 受开关 SB2 控制,两开关均为常开状态,如图 5-11(a)所示。针对此外部接线实现梯形图设计,如图 5-11(b)所示。

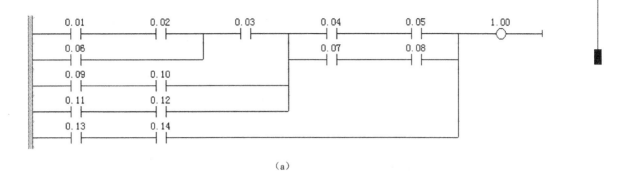

(a)

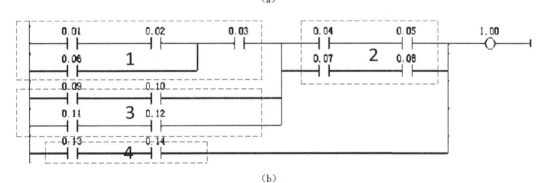

(b)

步	指令	操作数
0	LD	0.01
1	AND	0.02
2	OR	0.06
3	AND	0.03
4	LD	0.09
5	AND	0.10
6	ORLD	
7	LD	0.11
8	AND	0.12
9	ORLD	
10	LD	0.04
11	AND	0.05
12	LD	0.07
13	AND	0.08
14	ORLD	
15	ANDLD	
16	LD	0.13
17	AND	0.14
18	ORLD	
19	OUT	1.00

(c)

图 5-9　复杂电路块

(a)复杂电路　(b)划分电路块　(c)指令语句表

　　端子 0.00 接到 SB1,按下 SB1,外部电路 0.00—SB1—DC24 V—com 形成闭合回路,输入继电器通电,其所对应的内部常开触点 0.00 闭合。开关 SB2 不动作,无法形成闭合回路,其内部常闭触点 0.01 保持原状态(闭合),输出继电器 1.00 导通,并实现自锁。自锁后 0.00 端子的外部触点断开,输出继电器 1.00 仍可保持输出状态。当 SB2 按下,外部形成闭

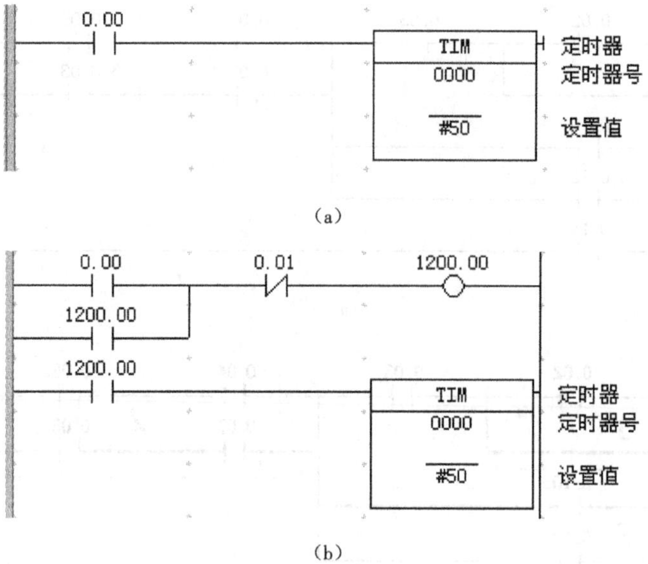

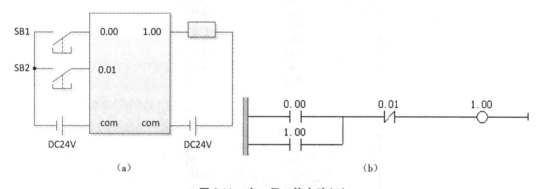

图 5-10　内部辅助继电器的使用

（a）自锁开关　（b）点动开关实现自锁

图 5-11　启 - 保 - 停电路（1）

（a）外部接线电路　（b）梯形图

合回路,其所对应的内部触点 0.01 常闭触点断开,输出继电器 1.00 失电恢复到断开状态。

（2）端子 0.00 外接常开触点 SB1,0.01 外接常闭触点 SB2,如图 5-12（a）所示。针对此外部接线实现梯形图设计,如图 5-12（b）所示。

若端子 0.01 外部开关 SB2 设置为常闭开关,即使 SB2 未进行任何动作,外部电路形成回路,输入继电器通电,其所对应的内部触点动作,常开触点闭合。SB1 按下,常开触点 0.00 闭合,梯形图形成电流通路,输出继电器 1.00 导通并自锁。

若希望外部开关 SB2 设为常闭开关,需将其梯形图所对应的 0.01 设为常开触点,如图 5-12（b）所示。若希望梯形图直观,梯形图触点 0.01 设为常闭触点,则需将外部开关 SB2 设为常开触点。

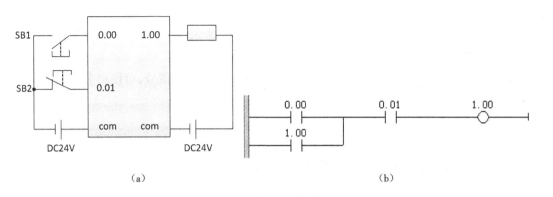

（a）　　　　　　　　　　　　　　　（b）

图 5-12　启 – 保 – 停电路(2)

（a)外部接线电路　（b)梯形图

5.3　常用基本电路

5.3.1　启 – 保 – 停电路

　　启 – 保 – 停电路是程序设计中最常使用的一类电路形式,只对一个负载进行控制,有多种方式可以实现。现介绍几种常见的实现方式。

1. 触点实现

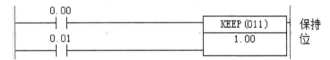

　　输入按钮 0.00 作为启动按钮,输入按钮 0.01 作为停止按钮,控制输出继电器 1.00。

2. KEEP 指令实现

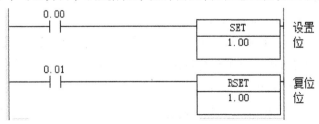

　　KEEP 指令的置位输入端和复位输入端分别对应启动按钮和停止按钮。

3. SET/RSET 指令实现

　　使用 SET/RSET 指令完成启 – 保 – 停电路的设计,优点是对输出继电器 1.00 的控制在程序中可以分开,可根据程序设计需要,在任意地方分开设置。

5.3.2 触发电路

1. 单脉冲触发电路

单脉冲触发电路也叫单脉冲信号发生器,可产生一个单脉冲信号,可使用上升沿微分指令或下降沿微分指令来完成,也可利用触点完成。

1) 上升沿微分指令

不管 0.00 接通时间长短,从 0.00 导通的前沿时刻开始,产生一单脉冲信号,之后恢复断开的状态。上升沿脉冲触发电路时序图如图 5-13 所示。

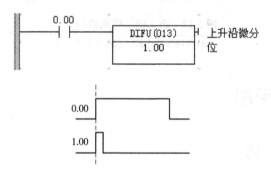

图 5-13　上升沿脉冲触发电路时序图

2) 下降沿微分指令

在 0.00 导通结束后沿时刻,产生一个单脉冲信号,之后恢复断开的状态。下降沿脉冲触发电路时序图如图 5-14 所示。

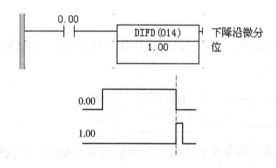

图 5-14　下降沿脉冲触发电路时序图

3) 触点实现单脉冲信号发生器

PLC 输入口不需要接外部开关,利用内部常通继电器 P_On 实现。PLC 执行顺序循环方式,同一时刻只能执行一条指令。第一个循环,10.00 还没有输出,它所对应的所有触点保持原状态,常闭触点 10.00 保持闭合,第一个逻辑行输出 10.01 有输出信号;当程序扫描到第二个逻辑行时,P_On 是常通继电器,10.00 导通。第二个循环,10.00 此时已有输出,其所对应的常闭触点断开,10.01 失电断开,10.01 只接通了一个时刻,产生一个单脉冲信号。单脉冲发生器时序图如图 5-15 所示。

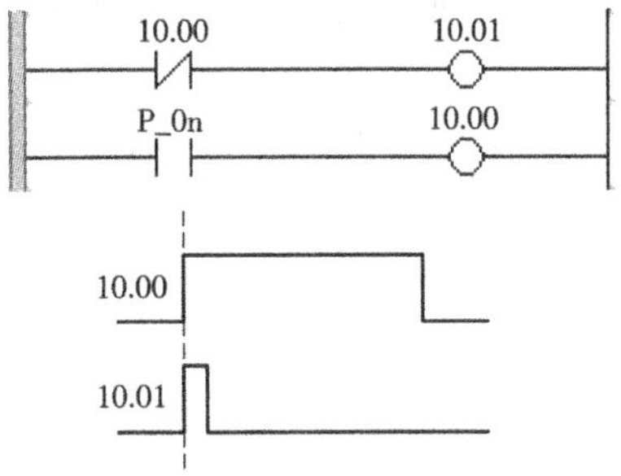

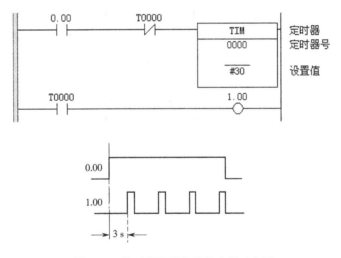

图 5-15　单脉冲发生器时序图

2. 多脉冲信号发生器

1）等时间间隔的多脉冲信号发生器

当 0.00 为长输入信号时，1.00 每隔 3 s 输出一个脉冲信号。等时间间隔信号发生器时序图如图 5-16 所示。

图 5-16　等时间间隔信号发生器时序图

2）多谐振荡器

多谐振荡器常用于产生方波或脉冲宽度可调的时序脉冲，可对占空比进行控制。多谐振荡器常作为脉冲信号源，也可作为闪烁电路使用，如报警控制、霓虹灯控制等。

当输入信号 0.00 接通后，输出出现一个导通时间为 T_1、间断时间为 T_0 的时序脉冲。脉冲的占空比可通过调整两个定时器的预设值加以实现，时序图如图 5-17 所示。

5.3.3　二分频电路

分频是指将任意频率信号的频率降低为原来的 $1/N$，叫 N 分频。实现分频的电路或装置称为"分频器"。如将某一频率 f 的信号降为 $\frac{1}{2}f$、$\frac{1}{4}f$、$\frac{1}{8}f$ 等频率的信号，分别称为二分频、四分频、八分频。二分频就是将输入信号的原有频率降为 1/2，也就是在输入时钟每触发 2 个周期时,PLC 输出 1 个周期信号,时序图如图 5-18 所示。

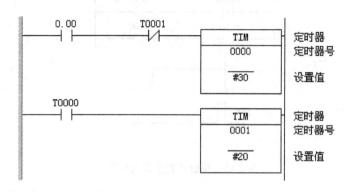

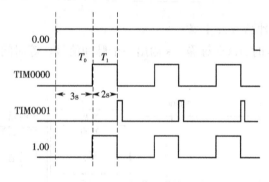

图 5-17　多谐振荡器时序图

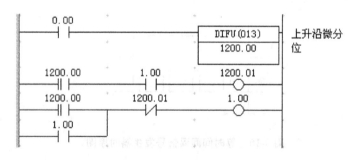

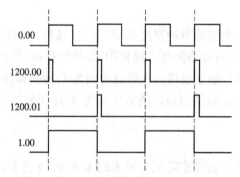

图 5-18　二分频电路时序图

端口 0.00 输入具有一定频率的输入信号,1200.00 在每个信号前沿到来时刻产生一个扫描周期的脉冲信号。程序执行到第二个逻辑行,由于 PLC 顺序循环的工作方式,此时输出继电器 1.00 尚未输出,它所对应的常开触点保持断开状态,内部辅助继电器 1200.01 没有输出。程序运行到第三个逻辑行,1200.00 作为启动输入,1200.01 保持常闭状态,此时输出继电器 1.00 导通并自锁。

若实现输出触点 1.00 断开,必须在 1200.01 有输入信号的情况下。第二个逻辑行中 1200.00 和 1.00 两个常开触点的串联连接控制 1200.01,必须两个触点同时导通时,1200.01 才有输出。1200.00 下一个脉冲信号到来的时刻,即 0.00 第二个上升沿,1.00 已导通,它所对应的常开触点闭合,1200.01 导通一个扫描周期。可见,在第二个周期前沿 1200.01 有输出,它所对应的常闭触点断开,输出继电器 1.00 断开,整个系统恢复到原状态。0.00 第一个上升沿 1.00 输出,0.00 第二个上升沿 1.00 断开,0.00 第三个上升沿 0.00 输出,依此类推。

5.3.4　延时电路

1.接通延时

接通延时是指外部开关信号输入时,延时一段时间后输出继电器再导通,即激励响应延后于输入信号。在以下程序中 0.00 带自锁开关,自导通的上升沿延时 5 s 之后,输出继电器 1.00 导通。时序图如图 5-19 所示。

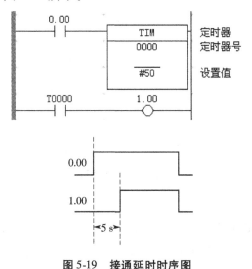

图 5-19　接通延时时序图

2.断开延时

某些控制需要断开延时,即当开关状态断开后,输出继电器并非立即断电,而是延时一段时间后再失电。如楼道内的照明,手离开按钮后并未熄灭,延时一段时间,为生活提供了便利。时序图如图 5-20 所示。

3.长延时

1)定时器串联

单个定时器最大延时时间为 999.9 s,当定时时间超过此范围,单一定时器不能完成定时,这时可用多种方法实现长延时。首先设定每个定时器的延时时间,再把定时器串联起来进行输出,得到长延时。每个定时器的时间用 t_1、t_2、$\cdots$、t_n 表示,则延时时间等于 $t_1 + t_2 + \cdots + t_n$。定时器串联如图 5-21 所示。

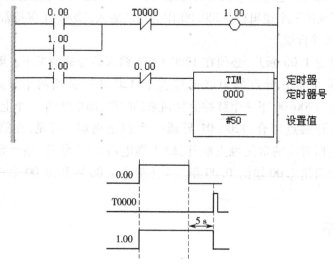

图 5-20　断开延时时序图

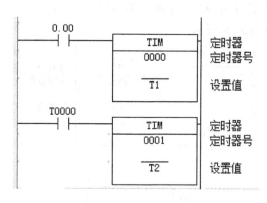

图 5-21　定时器串联

2)定时器 + 计数器

当定时时间过长时,若采用多定时器串联连接方式,会使定时器过多,且占用过多逻辑行,此时可采用定时器和计数器相配合的方式。

当启动信号 0.00 接通,定时器产生 t s 时间间隔的脉冲信号,以此脉冲信号作为计数器输入,计数器 CNT0000 对每隔 t s 的脉冲进行计数,计数器计数 m 次后输出,此方法节省大量定时器,定时时间更长,定时时间等于 $m \times t$ s。如图 5-22 所示。

3)计数器

若有更长的定时需求,需要进行 9999 以上的计数器时,可通过对计数器进行多级编程来实现。

利用 PLC 内部继电器产生脉冲信号,作为首计数器的输入信号,脉冲时间的长短可根据需要选择。这里需要注意的是计数器的复位端要使用计数器本身,每次计数结束后,所对应的常开触点闭合使计数器清零重新开始计数。选用 P_1s 脉冲信号,计数器计数 m 后,

可得到 m s 脉冲信号。再以此脉冲信号作为第二个计数器的计数输入信号,复位信号仍选用本计数器所对应的常开触点。当第二个计数器计数值为 m 时,可产生 m^2 s 脉冲信号。以此类推,当 n 个计数器串联时,可得到 m^n s 的定时。如图 5-23 所示。

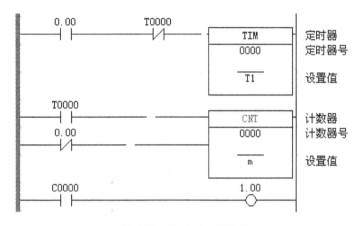

图 5-22　定时器 + 计数器

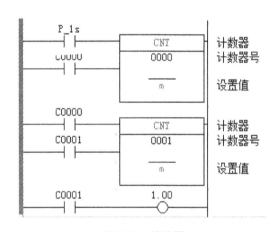

图 5-23　计数器

4. 单按钮启停电路

开关量输入模块按输入点数分为 16、32、64 等。输入模块要根据实际需要来选择,一般以每块 16 ~ 64 点为好,高密度的输入模块为 32 点、64 点。在一个系统中同时接通点数取决于输入电压和环境温度,一般同时接通点数不得超过 60%。

另外,开关量输入和开关量输出点数的比为 3∶2,若有输入点数不足的情况,单按钮启停电路就显得尤为重要。单按钮启停电路是用一个按钮实现电路的启 – 停。

外部输入开关 0.00 通过上升沿指令,在每次按下开关时产生脉冲信号。此脉冲信号作为计数器的计数输入信号。当第一个脉冲信号到来时,计数器里的计数值减 1,计数器为输出,输出继电器 1.00 输出。当第二次按下开关,1200.00 脉冲信号到来时,计数器内 SV 值减至 0,计数器输出,它所对应的常闭触点断开,输出继电器断开,所对应的常开触点闭合,计数器复位,系统恢复到初始状态。如图 5-24 所示。

实现单按钮启停的方法有很多,如二分频电路,这里不再一一介绍。

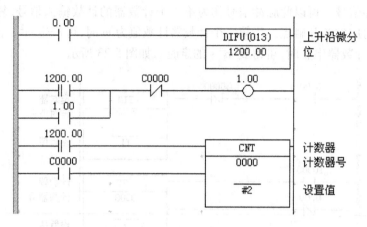

图 5-24　单按钮启停

5. 优先电路

优先电路是指控制程序中多路输入信号的优先权是平等的,它们可以实现互锁,先到信号取得优先权,后者无效;复位后,重新开始优选。优先电路最常用于抢答器电路、多故障检测等程序设计中。优先电路中最重要的是输出电路之间互锁。实现一路信号优选后,在其他路信号控制电路中串联本组输出线圈的常闭触点,以形成互锁控制。如图 5-25 所示。

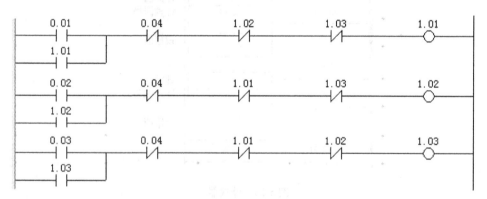

图 5-25　优先电路

本章小结

本章以 CJ1M-CPU22 型 PLC 为基础,介绍了梯形图设计的基本原则和编程技巧,还包括异步电动启停电路、多脉冲触发、单脉冲触发等多种典型的功能电路。本章内容既是指令的复习与扩展,又为下一章系统设计奠定了基础。

思考题与习题

1. 按以下要求设计长延时控制程序。
(1)多个定时器串联方式,定时 4 小时。
(2)用定时器与计数器相结合方式,定时 6 小时。
2. 利用多种指令完成单按钮启停电路。

第6章 可编程序控制器程序设计应用

◆本章要点

1. 可编程序控制器程序设计基本步骤。
2. 可编程序控制器应用案例。

6.1 程序设计基本步骤

在掌握了 PLC 基本指令和常用电路后,就可以在实际工程设计中应用 PLC 系统了。可编程序控制器程序设计过程包括四大部分:确定控制任务及控制范围;制定控制方案,选择可编程序控制器机型;系统硬件设计和软件编程;系统调试。作为一个完整的工业控制过程,包括电气部分和控制系统部分,系统设计步骤基本流程图如图 6-1 所示。

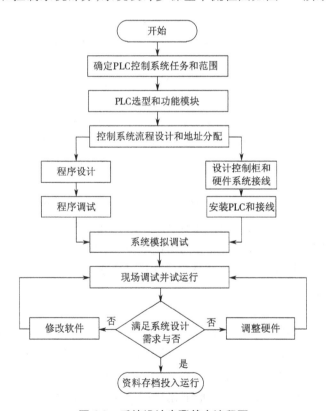

图 6-1 系统设计步骤基本流程图

6.1.1 确定控制任务

工业自动化控制设备一般可分成下列几类:(1)可编程序控制器(PLC);(2)分布式控制系统(DCS);(3)工业 PC 机;(4)嵌入式计算机及 OEM 产品,包括 PID 调节器及控制器;(5)机电设备数控系统(CNC,FMS,CAM);(6)现场总线控制系统(FCS)。最终是否选用 PLC 作为核心控制器,是选择整体机还是多台 PLC 联网控制,还需依据控制任务和被控对象的工艺特点,从多方面作出详细分析。

1.控制规模

系统 I/O 点数是衡量可编程序控制器控制规模大小的重要指标。当控制系统规模较大,且在以开关量为主、互锁控制较多的情况下,更适合使用 PLC 作为控制器。

2.工艺复杂程度

当生产工艺较复杂时,特别是工业要求经常变动或考虑到未来易于扩展时,多选择 PLC 控制。它不仅可以满足可靠、使用方便等基本要求,带来的经济效益也是非常可观的。

3.可靠性

目前很多厂商选用 PLC,主要是因为 PLC 运行的高可靠性。有些工业要求虽然不太复杂,但对可靠性或抗干扰性能要求较高时,仍然采用 PLC 控制。

4.系统响应速度

系统响应时间是指输入信号发生变化的时刻与由此引起的输出信号状态发生变化时刻的时间间隔。对于过程控制来说,扫描周期和响应时间是选择 PLC 型号时首要考虑的因素。由于可编程序控制器采用顺序循环扫描的工作方式,因此使它不能可靠地接收接通时间小于扫描周期的输入信号,此时需要选择扫描速度更高的 PLC 机型来提高输入信号接收的准确性。扫描速度是用执行指令所需要的时间来估算的,单位是"ms/K 步"。

例如:某物品有效检测长度为 1 cm,传送带速度为 10 m/min,为确保不会漏检经过的物品,要求可编程序控制器的扫描周期不能大于物品通过检测点的时间间隔 60 ms($T = 1$ cm/10 m/60 s)。

在可编程序控制器用户手册中都会给出每一种型号的扫描速度的具体数值。对于慢速大系统,如大型料场、码头、高炉、轧钢厂的控制系统等,可选用多台中、小型低速 PLC 进行控制;对于对实时控制要求高的控制系统,如高速线材、中低速热连轧等系统,可选用扫描速度快、功能强的大型高速 PLC 来满足信息快速交换的要求。

6.1.2 设备选型

随着 PLC 在工业环境中的应用日益广泛,PLC 产品的类型和型号越来越多,功能也日趋强大和完善。美国、日本、德国等国家制造的 PLC 产品和国内自主研发的 PLC 产品已多达几十个系列,每个系列又分列出多种型号,每款 PLC 的结构形式、容量、特性、指令系统、编程方式、价格等各有差异。随着工业精细化程度的加深,PLC 种类也划分得越来越细,以满足不同场合的使用需求。

选择合理的 PLC 产品,对于整体控制系统的技术性能、经济指标起着重要作用。PLC 选型的基本原则是在成本可控范围内选择能够满足控制系统功能需要的 PLC 控制器。一般从机型、功能模块、CPU 处理速度、容量、指令和编程方式、PLC 存储量等几个方面综合考虑。

从应用角度来看,PLC可按控制功能或输入/输出点数分类。

PLC的指令系统包括基本指令、运算指令、控制指令、数据处理指令和其他特殊功能指令,这些指令完成逻辑运算、算数运算、运动控制等特殊功能。从控制系统编程和控制需求的角度加以选择,满足实际需求,避免资源浪费。

PLC程序编译有在线编译和离线模拟编译两种方式。采用离线模拟编译方式可大大降低成本,模拟运行不需要外接开关和被控对象,一般中、小型PLC多使用此方式,可基本满足调试需求。在线编译适合现场调试,所需成本较高,在大型PLC中常采用此方式。

1. I/O点数估算

I/O点数是衡量可编程序控制器控制规模大小的重要指标。这里I/O点数是指输入信号与被控对象输出信号的总点数,选择可编程序控制器的点数与实际控制任务相适应,并留有10%～15%的I/O点数余量。估算出I/O点数后,选择与点数相应的可编程序控制器。如果是小型设备或机电一体化产品,可选用小型机。如果控制系统较大,被控制设备分散,I/O点数较多,则选用中、大型机。

为了易于未来PLC控制系统的调整与扩展,要求所选PLC机型的I/O口能力极限值必须大于I/O点数的估算值,应尽量避免使PLC带I/O口的能力接近饱和,条件允许下应留有30%的余量。

2. 程序存储器容量的估算

用户程序存储区用于存放用户程序,用户程序所需内存容量受到如下几方面因素的影响:内存利用率、开关量I/O点数、模拟量I/O点数、程序编写质量。

1)内存利用率

用户程序通过编程器输入至PLC内,最终以机器码语言的形式存放在用户程序存储区。当使用不同厂家的PLC控制器时,同一程序变成机器码语言存放时所需要的内存数也会不同,把一个程序段中的节点数与存放该程序段所代表的机器码语言所需的内存字数之间的比值称为内存利用率。显然,高内存利用率时同一程序使用更少的内存量,从而降低用户存储区投入,同一程序也可缩短扫描周期,进而提高系统的扫描速度。

PLC的程序存储器容量通常以"步"为单位。用户程序所需存储器容量可预先粗略估算。一般情况下,用户程序所需存储的内存可按照以下经验公式来估算:

输入　用户程序所需存储的字数 = 输入点总数 × 10
输出　用户程序所需存储的字数 = 输出点总数 × 8

2)开关量I/O点数

可编程序控制器开关量I/O点数是计算所需内存容量的重要依据。一般情况下,开关量所需存储器字数的经验公式是根据开关量I/O点数估算的。

3)模拟量I/O点数

具有模拟量功能的控制系统会用到数字传送和运算等功能指令,这些数据运算功能指令所占内存数较多。

一般情况下,控制系统中模拟量输入和输出会同时使用,运算量很大,所需的内存容量也较大。模拟量输入完成数据读入、数字传送、转换和比较运算,最终通过模拟量输出控制被控系统,完成闭环控制。

在模拟量运算处理过程中,常把模拟量输入、运算处理及模拟量输出编写成子程序使用,因而所占内存明显减少。特别是在模拟量路数较多时采用,每一路模拟量所需的内存容量大幅度减小。模拟量所需存储器字数的经验公式如下:

模拟量(输入/输出)　用户程序所需存储的字数 = 模拟量路数 × 100

定时器/计数器系统　用户程序所需存储的字数 = 定时器/计数器数量 × 2

含通信接口的系统　用户程序所需存储的字数 = 通信接口个数 × 300

4)程序编写质量

用户程序的编写方式对程序长短和运行时间均有较大影响。对于同一控制要求的程序,不同技术人员编写的程序在程序长度和执行时间方面都可能存在较大差距。一般来说,初学者应为内存容量多留一些余量,而经验丰富者可适当减少一些余量。

推荐如下的经验估算公式:

总存储器字数 = I/O × 10 + 模拟量点数 × 150

之后再依据总存储器字数增加 25% 余量,在此基础上选择所需要的 PLC 类型。

另外,也可按系统控制需求的难易程度对用户程序所需存储字数进行估算,估算公式如下:

程序容量 = K × 总输入/输出点数

简单控制系统,$K = 6$;普通系统,$K = 8$;较复杂系统,$K = 10 \sim 12$。

3. 输入/输出模块的选择

输入/输出模块是可编程序控制器与外部现场设备之间的接口。按照输入/输出信号的类型可分为开关量和模拟量模块。

1)开关量

可编程序控制器输入模块将现场设备的输入信号进行检测并传输至 PLC 机内部,可直接连接按钮、接近开关、光电开关等电子装置。按电压类型划分为交流和直流,按电压等级分为直流 24 V、48 V、60 V 和交流 110 V 和 220 V 两种。开关量输入模块按输入点数分为 4、8、16、32、64 点等。选择输入模块时应考虑输入信号电压的大小、信号的传输距离、是否需要隔离、供电形式等问题,同时接通点数不得超过 60%。

输出模块把 PLC 内部信号转换为外部设备需要的控制信号,以驱动外部负载。开关量输出模块按输出点数分为 16 点、32 点、64 点,按输出方式分为继电器输出、晶体管输出(交流输出)和晶闸管输出(直流输出)三种形式。选择的输出模块的电流值必须大于负载电流的额定值。对于开关频繁、功率因数低的感性负载,宜采用无触点开关器件,即晶闸管输出或晶体管输出,但价格较高。继电器输出属于有触点开关器件,电压范围较宽、价格较低,但寿命短、响应速度较慢。输出模块同时接通点数的电流累计量必须小于公共端所允许通过的电流值。

2)模拟量

模拟量模块也包括输入模块和输出模块。

模拟量输入模块将传感器采集到的电压、电流、压力、位移等电量或非电量转变为一定范围内的电压或电流信号,分为电压型和电流型。电流型范围为 4 ~ 20 mA,电压型分为 −10 V ~ +10 V、0 ~ +10 V、1 ~ 5 V、0 ~ 5 V 等。模拟量输入模块有 2 路、4 路、8 路等。在选择模拟量输入模块时,应注意外部传感器的输入范围。

模拟量输出模块输出外部设备所需的电压或电流,它的分类方式与模拟量输入模块一致。选择模拟量输出模块驱动外部设备时,有可能需要增加中间转换装置,需注意信号的一致性和阻抗是否匹配。

4. 电源选择

电源是给 PLC 造成干扰的主要干扰源之一,因此选择优质电源对于提高 PLC 控制系统的可靠性是非常重要的。一般选用畸变较小的稳压器或带隔离变压器的电源。对于供电不正常或电压波动较大的情况,可考虑采用不间断电源(UPS)或稳压电源。对输入模块的供电一般使用 PLC 本身内部电源。选择电源时,也需要考虑输出模块电流的大小。若外部设备电流过大时,则需外设电源供电。

每种电源模块均有容量限制,选型时需遵循以下原则:

(1)核算控制系统的总电流消耗,即安装在 CPU 机架上所有单元模块的总电流消耗不得超过所选电源模块的最大电流;

(2)核算控制系统的总功率消耗,即安装在 CPU 机架上所有单元模块的总功率消耗不得超过所选电源模块的最大功率。

5. 通信联网功能

PLC 通信可以实现数据交换,增强控制功能,实现控制的远程化、信息化及智能化。在智能工厂、全集成系统这样的现代自动化控制网络中,多台 PLC 即可独立工作,又可实现协调控制,实现资源共享,此时应选用带有通信接口的 PLC。智能设备也需要通过通信接口与 PLC 连接,如智能仪表、智能传感器等。一般大、中型 PLC 都具有通信功能。近年来,一些高性能的小型机(如 FX、C40H、S5 – 100U 等)也配有通信接口,通过 RS – 232 串行接口,与上位计算机或另一台 PLC 相连,也可连接触摸屏、打印机等外部设备。

以上介绍了 PLC 选型的依据和应考虑的几个问题,在选择 PLC 型号时应根据实际工艺要求,综合以上各种因素,选择性价比合适的产品,既可满足用户的控制要求,又可充分发挥 PLC 的性能。

6.1.3　软件系统设计

1. 经验设计法

经验设计法是指设计者利用各种典型控制环节和基本控制电路,根据经验直接用 PLC 设计控制系统,以满足生产机械和工艺过程控制要求的设计方法。

使用经验法设计用户程序时,可按下面几步进行:根据控制要求选择控制方式;确认检测元件和执行机构,确定输入/输出信号;设计系统的控制程序,先完成简单运动的基本控制程序,再增加制约关系;检查、修改和完善程序。

2. 逻辑设计法

逻辑设计法是以逻辑组合的方法和形式设计电气控制系统。这种设计方法既有严密可循的规律性和明确可行的设计步骤,又具有简便、直观和规范的特点。梯形图程序的基本形式包括"与"、"或"、"非"的逻辑组合,这与布尔助记符语言是一致的。因此,用"0"和"1"两种逻辑代数表达梯形图的常开、常闭触点,用一个逻辑函数表示系统的逻辑功能,再把此基本运算式用梯形图表达出来即可。

3. 状态流程图设计法

状态流程图又叫 SFC 或状态转移图,是完整描述控制系统的工作过程、功能和特性的一种图形,是分析和设计电控程序的重要工具,具有简单、规范、通用的优点。所谓"状态"是指特定的功能,状态流程就是控制系统中功能的转移顺序。状态流程图能明确地表现出系统各工作步的功能、步与步之间的转换顺序及其转换条件。SFC 适合于顺序控制的标准化语言,利用状态流程图进行程序设计就是顺序控制设计法,使梯形图设计变得容易,节约设计时间,有一定的方法和步骤可遵循。

4. 计算机辅助编程设计法

计算机辅助编程可以把梯形图直接译成指令形式,可进行在线编程、远程编程和离线编程,有些还具有网络监控等更强大的功能。因此,计算机辅助编程设计法代表了可编程序控制器设计方法今后的发展方向。

目前,各大 PLC 制造商都很重视编程应用软件的开发,都有性能各异的计算机辅助编程应用软件推出,如 SIMENS 的 STEP7、WinCC 等,三菱公司的 FX-PCS/AT-EE SFC、FX-MING 等,OMRON 公司的 CX-Programmer 等。

6.1.4 系统调试

系统调试主要是针对运行过程中出现的不符合用户要求的问题进行修改。在现场调试时可能出现一些故障,分为外部故障和内部故障。外部故障指与 PLC 连接的传感器、检测开关、外部设备等部分的故障,内部故障指可编程序控制器本身的故障。

在系统总故障中,只有 10% 的故障发生在可编程序控制器中,而这 10% 的内部故障中,有 90% 发生在 I/O 模块中,只有 10% 的故障发生在控制器中。由此可见,系统中大部分故障发生在 I/O 模块及外部回路中。

1. 故障的分类

(1)外部设备故障是与 PLC 直接连接的各种开关、传感器、执行机构等所发生的故障。

(2)系统故障可分为固定性故障和偶然性故障。故障发生后,如果通过重新启动可使系统恢复正常,则称为偶然故障;如果重新启动不能恢复,而需要更换硬件或软件系统才能恢复正常,则称为固定故障。

(3)硬件故障主要指系统中的模块损害造成的故障。

(4)软件故障是软件本身所包含的错误引起的,主要是软件设计考虑不周,在执行过程中一旦条件满足就会引发。

2. 故障诊断

(1)故障的宏观诊断就是依据经验、参考发生故障的环境和现象来确定故障的部位和原因。宏观诊断的一般步骤如下。

①确定是否存在使用不当,如供电电源故障、端子接线故障、模块安装故障和现场操作故障等。

②排查是否是偶然性故障或系统运行时间较长所引起的故障。

③排查是否是由模块引起的固定故障。首先检查与 PLC 连接的传感器、检测开关、执行机构是否有故障;然后检查可编程序控制器的 I/O 模块是否有故障;最后检查可编程序控制器的 CPU 是否有故障。

(2)软件的自诊断是采用软件方法和分析来判断故障的部位和原因。PLC 系统自诊断功能读取 CPU 等不同模块的状态,若出现故障,其故障代码将实时存于相应的内存区中。

6.2 设计实例——液体混合罐控制

1. 控制要求

两种液体混合装置如图 6-2 所示,起始状态混合装置为空,启动开关和停止开关均为断开,三个阀门 X1、X2、X3 均关闭,液位传感器均处于 OFF 状态,电动机 M 停止。

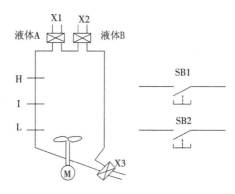

图 6-2 液体混合罐示意图

启动按钮 SB1 按下后,电磁阀 X1 打开,液体 A 流入混合装置,当液位到达 L 时,液位传感器 L 接通,此时阀门 X1 断电关闭,电磁阀 X2 打开,液体 B 流入混合装置,当液位到达 H 时,液位传感器 H 接通,此时阀门 X2 断电关闭,同时电动机 M 转动以对两种液体进行搅拌;6 s 后电动机 M 停止工作,同时打开阀门 X3 放出混合液体,当液位降至 I 后,再延时 2 s,阀门 X3 断电关闭。此为一完整的循环过程。

停止按钮 SB2 按下时,要求不是立即停止工作,而是完成一次循环后再停止。

2. 统计 I/O 点数,选择 PLC 型号

输入信号共 5 个:液位传感器 H、I、L,启动按钮 SB1,停止按钮 SB2。根据选型要求,考虑 15% 的余量,即 $5 \times (1 + 15\%) = 5.75$,取整数为 6,因此需要输入点数为 6。

输出信号共 4 个:阀门 X1、X2、X3,电动机 M。考虑 15% 的余量,即 $4 \times (1 + 15\%) = 4.6$,取整数为 5,因此需要输出点数为 5。

3. I/O 分配

这里依据本书的 CJ1M-CPU22 型 PLC 的输入/输出口进行 I/O 分配,具体分配如表 6-1 所示。

表 6-1 I/O 分配表

输入		输出	
启动按钮 SB1	0.00	电动机 M	1.00
停止按钮 SB2	0.01	X1	1.01
H	0.02	X2	1.02
I	0.03	X3	1.03
L	0.04	—	—

4. 程序设计梯形图

本例程序设计控制要求简单,采用的是经验设计法。控制要求中多为常用的启停控制,首先选择典型电路程序段。而本例中多个基本任务之间又有联动控制,需要对程序段进行组合和调整,以满足最终的控制要求。参考梯形图程序如图 6-3 所示。

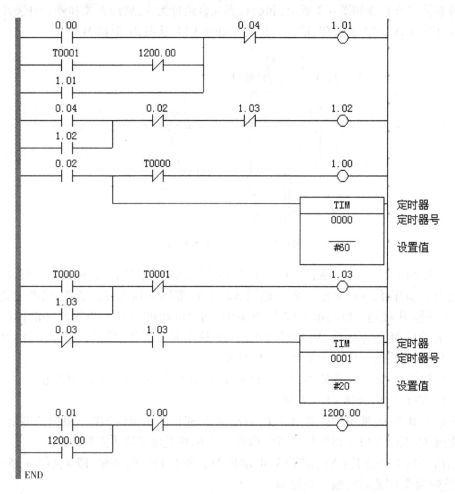

图 6-3　程序设计参考梯形图

本章小结

本章介绍了 PLC 程序设计的基本步骤:熟悉控制对象,确定控制范围;制定控制方案,选择可编程序控制器机型;系统硬件设计和软件编程;系统调试。以液体混合装置为例介绍了 PLC 程序设计的一般方法和步骤,以便于设计者根据实际控制需求设计应用程序。

思考题与习题

程序设计题。

1. 小车往返运料,在路程的前后两端各有一个传感器。当启动按钮按下之后,小车首先向右行驶,到达右限位 SQ1 处,停下来开始装料,20 s 之后装料完成,开始向左行驶;小车左行到左限位 SQ2 之后,停下来开始卸料,30 s 之后卸料完成;再继续向右行驶,行驶到右限位继续装料,如此往复运行,直到停止按钮按下为止。

2. 在上题的基础上,增加中间卸料点。当启动按钮按下时,小车从左侧限位开始向右行驶,到达右限位装料完成之后向左行驶,小车先到中间卸料点停下来,同样 30 s 卸料完成之后,返回到右侧的装料点;装料 20 s 之后,小车返回至左限位处卸料,30 s 卸料完成之后,返回至右侧的装料点;装料完成之后继续先到中间卸料点,再到左侧卸料点。注意当中间卸料点不需要卸料时,不允许停车。如此反复直到按下停止按钮为止。

3. 两台小车一同完成装料任务,两台小车的初始位置都在中间卸料点。当启动按钮按下时,小车 A 从中间卸料点向右前进,当到达右限位停止,20 s 完成装料,返回到中间卸料点,把物料转到小车 B 上需要 10 s;10 s 之后小车 A 继续右行装料,往返三次后,小车 B 装满;小车 B 向左行进到左限位,卸料用 30 s,返回至中间卸料点,等待重新装料,小车 A 重复以上工作。当停止按钮按下时,两辆小车均完成原来卸料才停止。

第 2 篇
实验室学生实践

第7章 实验装置简介

7.1 实验装置构成

本实验采用 TVT－90 系列台式可编程序控制器训练装置。该训练装置采用开放台式结构,由实验屏和各单元模块组成。

实验屏采用铝铁结构框架,用于放置 PLC 主机、A/D 模块、D/A 模块、数字量调试及模拟量指示调节单元板、电源单元、实验板单元等。实验板可在实验屏的滑道上自由移动。根据实验内容的需要,可方便地组合成不同实验线路。

7.2 CJ1M 系统简介

1. CJ1M PLC 概述

目前,随着国内外工业控制的需要以及 PLC 的普及,各种型号的 PLC 小型机的发展极为迅速。它具有更快的处理能力、更小的尺寸、更迅速的数据传输等(其指令处理速度,如 LD 指令 0.1 μs,MOV 指令 0.3 μs),满足高速、小型、无缝的能力,能在先进的生产系统中控制硬件、软件及网络,而且在设计和开发方面采用了以任务为单位的编程方式,大大提高了设计效率。

2. CJ1M 系统结构

PLC 是用微处理器来实现的许多电子式继电器、定时器和计数器的组合体,采用软件编程作为它们之间的连线(即内部接线),其结构示意图如图 7-1 所示。

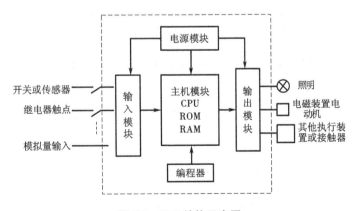

图 7-1　PLC 结构示意图

本实验室的 PLC 设备为日本 OMRON 公司 CJ1M-CPU22 型主机,配有的基本 I/O 单元为直流输入模块 ID211 和继电器接点输出模块 OC211,专用 I/O 单元为模拟量输入模块

AD041 – V1 和模拟量输出模块 DA021。其系统实物组成结构如图 7-2 所示。

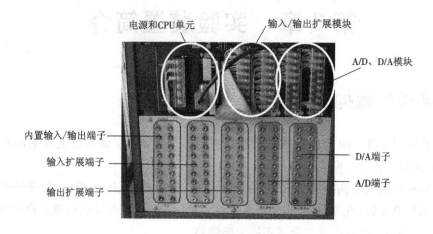

图 7-2 PLC 系统实物组成结构

为了便于学生接线,将 PLC 上所有的输入/输出端子都引到面板上,如图 7-3 所示(注释参见图 7-2)。

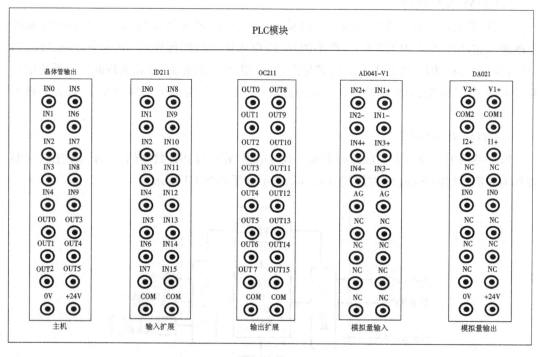

图 7-3 输入/输出接点分布图

下面仅介绍本系统与实验有关的一些规格与容量。

1)单元规格

CPU 单元(内置 I/O 型):10 个输入点,IN0 ~ IN9;6 个输出点,OUT0 ~ OUT5。

基本 I/O 单元:直流输入单元,CJ1M-ID211(16 点);继电器接点输出单元,CJ1M-OC211

（16 点）。

特殊 I/O 单元：模拟量输入单元，CJ1M-AD041-V1（4 路）；模拟量输出单元，CJ1M-DA021（2 路）。

2）数据区容量

CJ1M 容量很大，可以完成更复杂的控制。它具有 20K 步的程序容量（CJ1M-CPU21/CPU22/CPU23 分别为 5K/10K/20K），640 点 I/O 容量，32K 字的数据存储容量和 4 096 个定时器/4 096 个计数器。

Ⅰ.CIO 区

I/O 区的地址为 CIO 0000 ~ CIO 0039（CIO 位 000000 ~ 003915），分配到基本 I/O 单元的 I/O 位。

Ⅱ.内置 I/O 区

10 个输入位：CIO 296000 ~ CIO 296009，该输入可以用为通用输入。

6 个输出位：CIO 296100 ~ CIO 296105，该输出可以用为通用输出。

Ⅲ.内部 I/O 区

PLC 除输入/输出继电器外，还有内部继电器。这些继电器不能直接驱动外部设备，它可由 PLC 中各种继电器的触点驱动，其作用与继电器 - 接触器控制的中间继电器相似。每个内部继电器有若干对常开和常闭触点可供编程使用。

内部继电器包括内部辅助继电器 AR、保持继电器 HR、暂存继电器 TR、数据存储继电器 DM、专用内部辅助继电器 SP。

内部 I/O 区地址为 CIO 1200 ~ CIO 1499、CIO 3800 ~ CIO 6143，这些位在编程和控制程序的执行中用作工作位，不能用作外部 I/O，即它与输入点、输出点无对应物理关系，但可用相应指令建立一定的逻辑关系。与继电器电路中的中间继电器一样，运用的合理可以帮助实现输入和输出间复杂的变换。

Ⅳ.保持区

保持继电器是一种内部继电器。保持区共有 512 个字，从 H000 ~ H511（位 H00000 ~ H51115）。保持区的功能是在 PLC 电源通断的过程中或 PLC 的操作模式在编程、监控和运行中切换时，保持区的数据不会被清零。

Ⅴ.工作区

工作区共有 512 个字，从 W000 ~ W511，这些字只能在程序中用作工作字，以控制程序的执行，不能将它们用作外部 I/O。

Ⅵ.辅助区

辅助区共有 448 个字，地址为 A000 ~ A447。这些字已预先指定为标志位或控制位。

Ⅶ.定时器区

定时器区为 T0000 ~ T4095。定时器用于定时控制，助记符代码为 TIM。定时器以 0.1 s 为单位作减量定时，即定时器的设定值不断减 1，当设定值减为零时，定时器才有输出，此时定时器的常开触点闭合、常闭触点断开。当定时器输入断开时，定时器复位，由当前值恢复到设定值，其输出的常开触点断开、常闭触点闭合。设定值（S）的设定范围为 0 ~ 999.9 s。

符号为

N：定时器编号

S：设定值

Ⅷ. 计数器区

计数器区为 C0000 ~ C4095。计数器用于记录脉冲信号的内部器件,助记符代码为 CNT。CNT 以减量计数方式运行,设定值(S)的设定范围为 0 ~ 9999 。

符号为

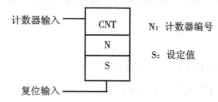

N：计数器编号

S：设定值

Ⅸ. 数据存储器区

CJ1M 的存储器区共有 32 768 个字,地址为 D00000 ~ D32767,该数据区可用于一般的数据存储和管理,当 PLC 操作模式切换或 PLC 掉电时,数据仍保存。

3) 特殊 I/O 单元的功能

模拟量是连续变化的,工业生产特别是连续型的生产过程中,常要对某些物理量如温度、压力等进行处理。

PLC 要进行模拟量控制,需要配置模拟量与数字量相互转换的 A/D、D/A 单元。模拟量输入单元的作用是将外电路的模拟量信号转换成数字量送到 CPU 进行处理,而模拟量输出单元的作用是将内部数字信号转换成模拟量送给外电路。

Ⅰ. 模拟量输入模块 CJ1W-AD041-V1 模块在 CJ1M PLC 上的使用方法

CJ1W 系列 PLC   CIO 的起始地址:$n = 2000 + 10 \times$ 单元号

DM 的起始地址:$m = 20000 + 100 \times$ 单元号

分配 CIO 起始地址起的 10 个字和 DM 起始地址起的 100 个字作为模拟量单元的输入输出和设定字。

该模块是一个 4 路的电压或电流的输入模块,对每个输入可以选择四种类型的输出信号范围(-10 V ~ 10 V、0 ~ 10 V、1 ~ 5 V/4 ~ 20 mA 和 0 ~ 5 V)中的任何一种。它可以实现高速的转换,每一路的转换时间可达 250 μs。

Ⅱ. 模拟量输出模块 CJ1W-DA021 模块在 CJ1M PLC 上的使用方法

CJ1 系列 PLC   CIO 的起始地址:$n = 2000 + 10 \times$ 单元号

DM 的起始地址:$m = 20000 + 100 \times$ 单元号

分配 CIO 起始地址起的 10 个字和 DM 起始地址起的 100 个字作为模拟量单元的输入输出和设定字。

该模块是一个 2 路的电压或电流的输出模块,可选择四种类型的输出信号范围(-10 V ~ 10 V、0 ~ 10 V、1 ~ 5 V/4 ~ 20 mA 和 0 ~ 5 V)中的任何一种。可以实现高速的转换,每一路的转换时间可达 1 ms。

3. 地址分配

1）CPU 机架

由图 7-2 的系统结构图可以看出,在 CPU 机架上,依次安装有 CPU 单元、直流输入模块 ID211、继电器接点输出模块 OC211、模拟量输入模块 AD041-V1 和模拟量输出模块 DA021,如表 7-1 所示。

表 7-1　CPU 机架使用情况

电源电压 CPU 单元	0 号槽	1 号槽	2 号槽	3 号槽
	CJ1W-ID211 16 点 DC 输入单元	CJ1W-OC211 16 点 DC 输出单元	CJ1W-AD041-V1 4 路模拟量输入单元	CJ1W-DA021 2 路模拟量输出单元

2）基本 I/O 单元的地址分配

I/O 基本单元在 CJ1M 中所占用的地址是 CIO 0000 ~ CIO 0039,共 40 个通道,I/O 基本单元在 CJ1M 上的位置基本没有限制,具体分配如表 7-2 所示。

表 7-2　基本 I/O 单元的地址分配

槽	单元	所需字(通道)	分配的字(通道)	分配的位
0	CJ1W-ID211(16 点)	1	CIO 0000	0000.00 ~ 0000.15
1	CJ1W-OC211(16 点)	1	CIO 0001	0001.00 ~ 0001.15

注:1.一个 1 ~ 16 点的单元分得一个通道,16 个位。

　　2.空槽不分配字(通道)。

例 7-1　下例显示了分配给 CPU 机架上的 5 个 I/O 基本单元的位置及 I/O 分配。

5 个 I/O 基本单元在 CPU 机架上的位置:

电源电压 CPU 单元	0 槽	1 槽	2 槽	3 槽	4 槽
	CJ1W-ID211 16 点 DC 输入单元	CJ1W-ID231 32 点 DC 输入单元	CJ1W-ID261 64 点 DC 输入单元	空	CJ1W-OD231 32 点晶体管输出单元

I/O 分配:

槽	单元	所需字(通道)	分配的字	分配的位
0	CJ1W-ID211　16 点 DC 输入单元	1	CIO 0000	0000.00 ~ 0000.15
1	CJ1W-ID231　32 点 DC 输入单元	2	CIO 0001 ~ CIO 0002	0001.00 ~ 0002.15
2	CJ1W-ID261　64 点 DC 输入单元	4	CIO 0003 ~ CIO 0006	0003.00 ~ 0006.15

槽	单元	所需字(通道)	分配的字	分配的位
3	空	0	无	无
4	CJ1W-OD231 32点晶体管输出单元	2	CIO 0007 ~ CIO 0008	0007.00 ~ 0008.15

3)特殊I/O单元的地址分配

按照单元号的设定,将特殊I/O单元区(CIO 2000 ~ CIO 2959)中的通道分配给每个单元(每个单元10个通道,即10个字/每个单元)。表7-3列出了特殊I/O单元区分配给每个单元的方法。

表7-3 特殊I/O单元区分配方法

单元号	分配的字(通道)
0	CIO 2000 ~ CIO 2009
1	CIO 2010 ~ CIO 2019
…	…
95	CIO 2950 ~ CIO 2959

I/O分配:

槽	单元	分配的单元号	分配的字	所需字	分组(I/O单元)
2	CJ1W-AD041-V1 4点模拟量输入	0	CIO 2000 ~ CIO 2009	10	特殊
3	CJ1W-DA021 2点模拟量输出	10	CIO 2100 ~ CIO 2109	10	特殊

注:1. 特殊I/O单元的单元号与其在机架上的位置无关,如CJ1W-AD041-V1 安装在2号槽,所分配的单元号为0#单元;CJ1W-DA021 安装在3号槽,所分配的单元号为10#单元。

2. 特殊I/O单元的单元号的分配是由使用者由硬件自行设定的。

3. 实验室PLC系统的特殊I/O单元的单元号已经设定好:CJ1W-AD041-V1 的单元号为0#单元;CJ1W-DA021 的单元号为10#单元。

例7-2 下例显示了分配给CPU机架上的3个I/O基本单元和两个特殊I/O单元的位置及I/O分配。

3个I/O基本单元和2个特殊I/O单元在CPU机架上的位置:

电源电压 CPU 单元	0槽	1槽	2槽	3槽	4槽
	CJ1W-ID211 16点DC输入单元	CJ1W-AD081 8点模拟量输入单元	CJ1W-OD211 16路晶体管输出单元	CJ1W-DA08 V 8路模拟量输出单元	CJ1W-OD231 32点晶体管输出单元

I/O 分配:

槽	单元	所需字	分配的字	单元号	分组(I/O 单元)
0	CJ1W-ID211 16 点 DC 输入	1	CIO 0000	…	基本
1	CJ1W-AD081 8 路模拟量输入	10	CIO 2000 ~ CIO 2009	0	特殊
2	CJ1W-OD211 16 点晶体管输出	1	CIO 0001	…	基本
3	CJ1W-DA08V 8 路模拟量输出	10	CIO 2010 ~ CIO 2019	1	特殊
4	CJ1W-OD231 32 点晶体管输出	2	CIO 0002 ~ CIO 0003	…	基本

4. 工作电源

该 PLC 模块的工作电源为 220 V 交流电(实验屏背后已接好)。

(1)主机单元(内置 I/O 型):电源插孔(0 V 端和 +24 V 端)外接 DC24 V。

(2)对于输入扩展 CJ1W-ID211:其"COM"端应接高电平(+24 V 端),主机输入端子接按钮(或其他输入设备)的一端,按钮的另一端接直流电源的负极(0 V 端)。

(3)对于输出扩展 CJ1W-OC211:其"COM"端应接低电平(0 V 端),接触器线圈(或其他输出设备)的负端接主机输出端子,另一端接直流电源的 +24 V。

(4)模拟量输出单元:其下部的电源插孔(0 V 端和 24 V 端)外接 DC24 V。

当 PLC 与电源实现通信后,主机上方的"COMM"灯会闪烁,表明通信正常。

5. PLC 调试单元

该单元有直流 24 V 电源开关、两组直流 24 V 电源输出插孔、BCD 拨码器(2 个)、四组复合按钮、模拟量指示调节单元、电压源、电流源等,如图 7-4 所示。

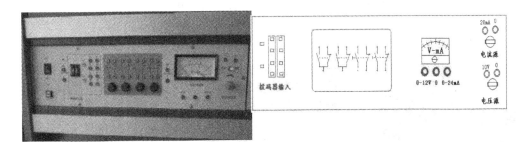

图 7-4 PLC 调试单元

每个 BCD 拨码器都有五个端子,四个为输入端子,一个为公共端子,其公共端接低电平。

该单元的红色按钮开关是 PLC 的一种输入设备,其一端接电源 DC24 V 的" –",另一端按实验要求连接至 PLC 相应的输入口,按启动按钮开关,PLC 主机相应的输入口灯亮。

模拟量指示调节单元配有一个电压、电流表头,可以监控模块量的数值输入与输出。

电流源可输出 0 ~ 24 mA 可调的电流,电压源可输出 0 ~ 10 V 可调的电压。

6. 三相电源及接触器单元

三相电源及接触器单元如图 7-5 所示。

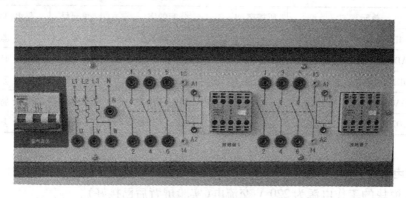

图 7-5　三相电源及接触器单元

该单元提供有三相电源和两个接触器,三相电源作为电动机的工作电源,连同接触器的三个主触点供主电路使用,接触器控制线圈的工作电压是 DC24 V,其"－"端接 PLC 的一个输出端子,"＋"端接 DC24 V 的"＋24 V"端。

7. 实验板单元及三相异步电动机

本实验室提供有以下几种类型的被控对象:

(1)"TVT90HC－3 交通灯自控与手控"实验板(32 组),实物照片如图 7-6 所示;

(2)"TVT90HC－13 温度控制系统"实验板(32 组),实物照片如图 7-7 所示;

(3)"行程控制"实验板(16 组),实物照片如图 7-8 所示;

(4)"TVT90－4 水塔水位自动控制"实验板(4 组),实物照片如图 7-9 所示;

(5)"TVT90－6 自控轧钢机"实验板(8 组),实物照片如图 7-10 所示;

(6)每个实验台上配有两个三相异步电动机(Y 形接法),如图 7-11 所示。

图 7-6　交通灯控制实验板　　　图 7-7　温度控制实验板　　　图 7-8　行程控制实验板

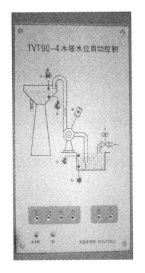

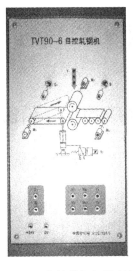

图 7-9　水塔水位控制板　　　图 7-10　自控轧钢机控制板　　　图 7-11　三相异步电动机

第 8 章　编程软件 CX-Programmer 简介

8.1　使用 CX-Programmer 应用程序预备知识

在使用 CX-Programmer 应用程序软件前,应具备电气系统的知识,而且能够熟练使用 Microsoft Windows,掌握以下技能:

(1)使用鼠标和键盘;

(2)从 Microsoft Windows 等单项选择中进行选择;

(3)操作对话框;

(4)查找、打开和保存数据文件;

(5)编辑、剪切和粘贴文件;

(6)使用 Microsoft Windows 桌面环境。

8.2　CX-Programmer 使用环境

CX-Programmer 可在微软 Windows 环境(Microsoft Windows95,98,2000 或 XP 和 NT4.0 捆绑 Service Pack 5 或者更新版本)的标准 IBM 及其兼容个人计算机上面运行。

8.3　使用 CX-Programmer 注意事项

在使用 CX-Programmer 软件时应注意以下几点。

(1)退出所有和 CX-P 无关的程序,特别是类似屏幕保护、病毒防治、email 或其他通信软件以及日程安排程序或其他事先或自动启动的程序。

(2)禁止与任何网络的其他计算机共享硬盘、打印机或其他设备。

(3)在 CX-P 和 PLC 连接的时候不要拔除连接电缆,更不要关掉 PLC 电源,否则可能导致计算机故障。

(4)PLC 系统被设定后,不允许改变 PLC 型号。

在 CX-P 中,如果改变 PLC 设备的型号或 CPU 的型号,将导致下列数据初始化或复位: PLC 设置、扩展指令、I/O 表、PLC 存储区。

PLC 设置对 PLC 系统运行的影响是非常大的。在改变 PLC 型号后请仔细重新设置所有需要的设定。否则,程序会发生错误,PLC 会停止运行。

8.4　CX-Programmer 工具栏

下面总结了 CX-P 中可用的工具栏,F1 功能键提供了相关的帮助。

1. 标准工具栏

标准工具栏见图 8-1。

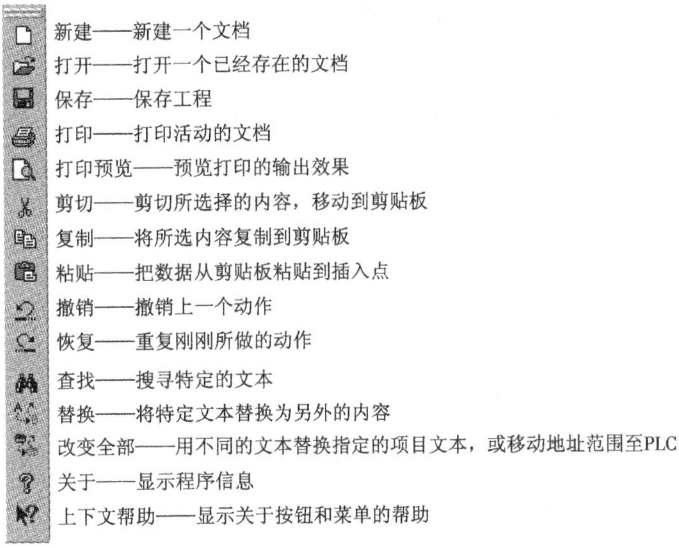

新建——新建一个文档
打开——打开一个已经存在的文档
保存——保存工程
打印——打印活动的文档
打印预览——预览打印的输出效果
剪切——剪切所选择的内容,移动到剪贴板
复制——将所选内容复制到剪贴板
粘贴——把数据从剪贴板粘贴到插入点
撤销——撤销上一个动作
恢复——重复刚刚所做的动作
查找——搜寻特定的文本
替换——将特定文本替换为另外的内容
改变全部——用不同的文本替换指定的项目文本,或移动地址范围至PLC
关于——显示程序信息
上下文帮助——显示关于按钮和菜单的帮助

图 8-1　标准工具栏

2. 插入工具栏

插入工具栏见图 8-2。

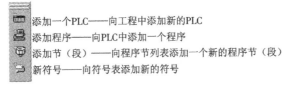

添加一个PLC——向工程中添加新的PLC
添加程序——向PLC中添加一个程序
添加节（段）——向程序节列表添加一个新的程序节（段）
新符号——向符号表添加新的符号

图 8-2　插入工具栏

135

3. 符号表工具栏

符号表工具栏见图 8-3。

4. 图表工具栏

图表工具栏见图 8-4。

5. 程序工具栏

程序工具栏见图 8-5。

6. PLC 工具栏

PLC 工具栏见图 8-6。

大图标——以大图标方式显示项目

小图标——以小图标方式显示项目

列表——以列表方式显示项目

细节——以报告方式显示项目

使符号有效（所选项）——检查当前的符号表

使符号有效（所有的）——检查PLC中所有的符号表

图8-3　符号表工具栏

缩小——将梯形图编辑区显示缩小

将梯形图编辑区缩放到适当大小

放大——放大梯形图编辑窗口中的显示

网格——切换网格显示

切换注释——切换符号注释的显示

显示梯级注释——切换梯级注释的显示

监视运行覆盖

显示程序/段的注释，在梯形视图的最上方显示

选择模式——返回正常的鼠标选择模式

新建常开接触点——新建一个常开的接触点

新建常闭接触点——新建一个常闭的接触点

"或"新常开接触点

"或"新闭合接触点

新建垂直线——新建一个垂直线连接

新建水平线——新建一个水平线连接

新建常开线圈——新建一个常开线圈

新建常闭线圈——新建一个常闭线圈

新建PLC指令——新建一个PLC指令引用

图8-4　图表工具栏

监视视图——切换到当前窗口的监视

检查（编译）程序——对程序进行检查，并创建目标和代码

编译PLC程序——对PLC程序进行编译

开始在线编辑——对所选梯级进行在线编辑

取消在线编辑——停止在线编辑，撤销任何改变

发送在线编辑的变化——在在线编辑中传送变化的部分

到在线编辑步状态——跳到在线编辑步的上面

选择/运行管理——显示一个对话框来编辑段和程序步

图8-5　程序工具栏

136

在线工作——切换与选择PLC的连接
切换PLC监视——切换对PLC的监视
在线到模拟器——触发连接到模拟器
自动在线——触发自动连接到PLC
暂停触发——开始一个暂停监视操作
暂停——切换监视
传送到PLC——将程序信息写到PLC
从PLC传送——从PLC中读取程序信息
同PLC比较——将程序信息同PLC内的进行比较
程序模式——将PLC切换到程序操作模式
调试模式——将PLC切换到调试操作模式
监视模式——将PLC切换到监视操作模式
运行模式——将PLC切换到运行操作模式
微分监视——监视一个位的变化
数据跟踪——跟踪PLC内存内容
设置密码——设置PLC的密码保护
释放密码——释放PLC的密码保护

图 8-6   PLC 工具栏

7. 视图工具栏

视图工具栏见图 8-7。

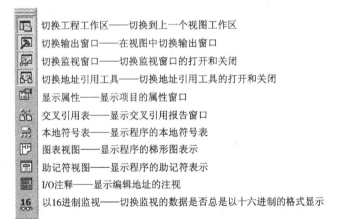

切换工程工作区——切换到上一个视图工作区
切换输出窗口——在视图中切换输出窗口
切换监视窗口——切换监视窗口的打开和关闭
切换地址引用工具——切换地址引用工具的打开和关闭
显示属性——显示项目的属性窗口
交叉引用表——显示交叉引用报告窗口
本地符号表——显示程序的本地符号表
图表视图——显示程序的梯形图表示
助记符视图——显示程序的助记符表示
I/O注释——显示编辑地址的注视
以16进制监视——切换监视的数据是否总是以十六进制的格式显示

图 8-7   视图工具栏

8.5 词汇表

PLC   可编程逻辑控制器。
地址   存储器中储存数据或程序的位置。也可以表示网络上一个节点的
              位置。

ASCII	美国信息交换标准码。
BCD	二进制编码十进制。
二进制	二进制CX-Programmer支持的数据格式。二进制计数的数制格式,即使用数0和1。
位	二进制计数法用的能取值0或1的数位。一个位的值,或位的组合,可表示一个设备的状态,也可用于编程中。
CPU	中央处理单元。PLC的组成部分,它可以存储程序和数据,执行程序中的指令,处理输入、输出信号,以便与其他外部设备通信。
CPU类型	可用于指定设备的CPU类型,可用于PLC的存储器数据,视所用的CPU而定。
剪贴板	一个可暂时存贮数据或在应用软件之间传送的窗口环境内的一个区域。
数据区	PLC内存中存储数据(非程序)的区域。
数据类型	程序符号(如BCD和二进制)内部数据格式的一种描述。
十进制	CX-Programmer支持的一种数据格式,以10为计数基准(例如数0~9)。
缺省	在用户没有输入时或在初始进入应用程序时,由程序自动设置的值,这样的值可以被覆盖。
设备类型	OMRON PLC的类型。
设备	OMRON自动设备的类型,有PLC、温度控制器、内存卡写入器和PROM写入器。
对话框	向用户询问数据的窗口,通常按格式输入所需信息,选择显示的数据或确认一个操作。
下载	参阅传送到PLC。
拖曳	用鼠标选中一项,按下鼠标按钮并保持,移动鼠标到该项到达所需位置,然后释放鼠标,这样可以在屏幕上移动一个项目。
驱动	控制计算机和PLC之间通信的软件,将它们之间的任何信息转换成接收设备能理解的格式。
文件夹	在计算机内存或磁盘中组织文件的结构,如"目录"。
硬盘	永久安装在其驱动器上的磁盘。
十六进制	CX-Server支持的一种数据格式,以16作为计数基础(如数0~F)。
图标	计算机资源和功能的形象化表示方法。
输入设备	向PLC传送信号的设备。
接口	用于连接系统之间元素的硬件或软件,包括网络、程序和计算机。
I/O	输入/输出。
Microsoft Windows 资源管理器	Microsoft Windows系列中的文件管理应用程序部分。
监视模式	PLC的工作模式,允许设备在正常运行中,监视数据链路(包括该链路

上的 PLC 节点)的状态。

网络	1. PLC 配置的一部分,基于设备类型。可能的网络数取决于设备类型。 2. 与作为中央处理点的服务器连接的大量计算机,所有计算机都可以访问该服务器。如果计算机连接在网上,网络能以更多的与网络有关的选项影响 CX-Server。
离线	设备不受计算机控制的状态(尽管它有可能是物理连接的)。
在线	设备处于计算机控制之下的状态。
输出	从 PLC 向外部设备发送信号。
输出指令	一种类型的 PLC 指令,出现在梯级的右边。
输出窗口	CX-Programmer 显示的一个区域,显示编译信息和搜索结果。
点	点的内容可以控制动作或对象的表现,或者通过 I/O 结构输出。
程序	由计算机或 PLC 执行的一组指令。
程序存储器	保留程序存储的 PLC 内存区域。
编程模式	PLC 的工作模式,此时可以进行设备编程。
工程	工程包括梯形图程序、地址、网络细节、内存、I/O、扩展指令(如果可用)和符号。每一个 CX-Programmer 工程文件都是独立的,和文档的概念很类似。
工程工作区	CX-Programmer 用来显示和选择工程内容的一个区域。
机架	固定单元的设备。
RAM	随机存取存储器。
复位	将一个位或者信号设置为 OFF 或者将其值变成 0。
运行模式	允许数据从 PLC 读出但是不修改 PLC 的模式。
梯级	梯形图程序的逻辑单元(从左总线连接到右总线)。一个梯级可以由一个或者多个列组成。
节	PLC 程序的一部分,如同书的一章。节被组合成程序,其顺序可以被 PLC 扫描。
槽	机架上能固定单元的位置。
符号	被给予使得地址信息更为灵活的名字地址。
任务栏	Microsoft Windows 的一个组成部分,允许启动基于 Microsoft Windows 的应用。
从 PLC 传输	程序或数据从低级的(或从属的)设备传输到主机(计算机或编程设备)。
传输到 PLC	程序或数据从主机(计算机或编程设备)传输到低级的(或从属的)设备。
单元	OMRON PLC 系统配置中的部件。
上载	见"从 PLC 传输"。
监视窗口	CX-Programmer 用来显示监视 PLC 地址结果的一块区域。

第9章　PLC 实验须知

9.1　PLC 实验的目的和要求

　　PLC 是当今工业控制领域中占主导地位的基础自动化设备。它的应用几乎覆盖了所有工业企业，PLC 技术已成为当今工科大学生必修的课程之一。PLC 实验的目的是使学生受到必要的基本 PLC 应用技能的训练，对应用 PLC 进行工程控制的基本过程与方法有一个初步的认识，为学生将来从事工程技术工作和科学研究打下基础。

　　PLC 实验的基本要求：

　　(1)能正确使用常用的电工仪表、电子仪器、电机和电器，有一定的安全用电常识；

　　(2)能够比较熟练地使用 Microsoft Windows；

　　(3)在实验课前，学生应根据实验内容认真预习，并设计程序，实验课上教师要对预习情况进行检查。

9.2　PLC 实验的注意事项

　　(1)实验台上的两台三相异步电动机已经按星形接法连接好，同学在做实验过程中不要自行拆解；如不经意拔下，请恢复。

　　(2)"在线状态"(即 PLC 与 PC 机通信状态，此时梯形图工作区为灰屏)下，不要关掉PLC 电源，或者在 CX-Programmer 和 PLC 连接的时候拔除连接线缆，这可能导致计算机故障。

　　实验要求：整个做实验过程中，不要关掉 PLC 电源。但要特别注意在换接线路时，导线间的裸露部分不要短路。如不小心短接，电源红色指示灯将熄灭，这时只能将电源关掉。但特别注意要至少超过两分钟才能再次打开电源。

9.3　PLC 实验室规则

　　PLC 实验室设备价格昂贵，而且使用电源既有强电又有弱电，所以在进行实验时，稍有不慎便可能造成触电或设备损坏等事故，因此学生进入实验室后，必须严格遵守下列规则。

　　(1)对本次实验内容课前做好预习，编写程序，未设计程序者不得进行实验。

　　(2)实验开始前，认真听取教师讲解，迟到者不允许实验。

　　(3)实验中如发现异常现象或故障，应立即断电，保持原状，并请教师检查。凡违反操作规程而损坏设备者，要写出检查报告，并赔偿经济损失。

　　(4)非本次实验所用设备不得动用。

　　(5)实验完毕，首先断开 PLC 与 PC 机的通信，正常退出关闭计算机，再关掉 PLC 电源，拆解线路，整理桌面后方可离开实验室。

　　(6)保持实验室整洁，不得大声喧哗。

第10章 指令系统训练

在用 PLC 设计一个控制系统时,不但要熟悉系统的工艺要求和 PLC 的硬件结构,而且还要掌握 PLC 的编程指令,设计出能满足控制要求的 PLC 梯形图及指令语句表。

OMRON 各系列 PLC 为用户提供了大量的指令系统,如 P 型机有 37 条指令,其他高档机指令更加丰富,如 C200 有 145 条指令。这些指令具有兼容性,即低档机的指令包含于高档机的指令系统中。

PLC 的基本逻辑指令用来完成基本的逻辑操作,通过这些指令可以用 PLC 取代原有继电器逻辑控制系统。指令系统训练侧重于熟悉指令,运行简单程序,了解指令的特点及其功能,为编制综合应用程序打下基础。

实验一 指令系统训练 1——基本指令

一、实验目的

熟练掌握基本逻辑指令 LD、LD-NOT、AND、AND-NOT、OR、OR-NOT、AND-LD、OR-LD、OUT、OUT-NOT、END 和 TIM、CNT 指令的使用方法,加深对基本逻辑指令和定时器、计数器的理解。

二、实验设备

(1)PLC 控制系统。
(2)连接导线一套。

三、实验要求

(1)每次实验前,要求学生必须仔细阅读分析有关的指令功能,分析实验中可能得到的结果。在实验过程中,认真观察 PLC 的输入、输出状态,以验证输出结果是否正确。

(2)根据实验室所提供 PLC 机型进行 I/O 分配,画出输入、输出接线图。

(3)输入程序并调试运行。

(4)写实验报告时,要求同学将结果填写在适当的表格中或者画出其输入、输出时序图。

四、实验内容

1. 基本逻辑指令实验

输入如下梯形图程序,将运行结果填入功能表。

（1）

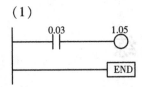

0.03	ON	OFF
1.05		

（2）

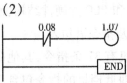

0.08	ON	OFF
1.07		

（3）

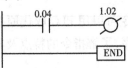

0.04	ON	OFF
1.02		

（4）

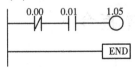

0.00	ON	ON	OFF	OFF
0.01	ON	OFF	ON	OFF
1.05				

（5）

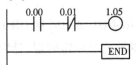

0.00	ON	ON	OFF	OFF
0.01	ON	OFF	ON	OFF
1.05				

（6）

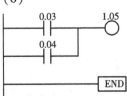

0.03	ON	ON	OFF	OFF
0.04	ON	OFF	ON	OFF
1.05				

（7）

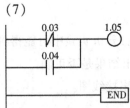

0.03	ON	ON	OFF	OFF
0.04	ON	OFF	ON	OFF
1.05				

（8）

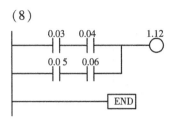

0.03	ON	任意	ON	ON	OFF	OFF	ON	OFF
0.04	ON	任意	OFF	OFF	ON	ON	ON	OFF
0.05	任意	ON	ON	OFF	ON	OFF	ON	OFF
0.06	任意	ON	OFF	ON	OFF	ON	ON	OFF
1.12								

（9）

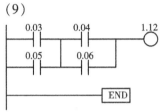

0.03	ON	任意	ON	ON	OFF	OFF	ON	OFF
0.04	ON	任意	OFF	OFF	ON	ON	ON	OFF
0.05	任意	ON	ON	OFF	ON	OFF	ON	OFF
0.06	任意	ON	OFF	ON	OFF	ON	ON	OFF
1.12								

2. 定时、计数指令实验

输入如下梯形图程序,监视各定时器或计数器的内容及状态,观察运行结果,画出运行结果时序图。

（1）

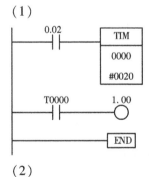
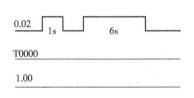

（2）

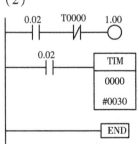
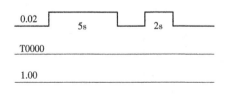

（3）

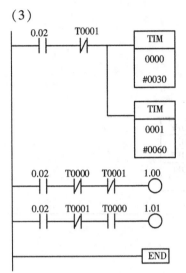

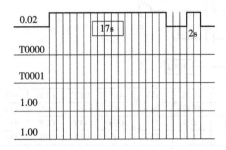

（4）

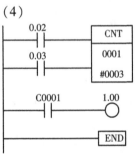

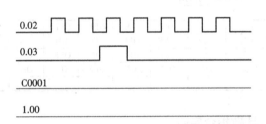

（5）

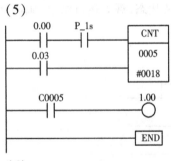

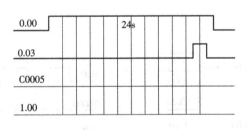

（6）

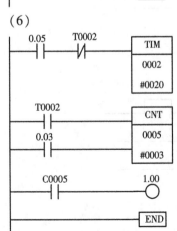

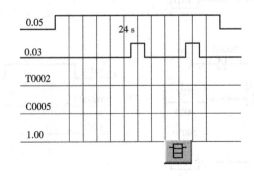

实验二 指令系统训练2——应用指令

一、实验目的

(1)熟练掌握分支、跳步指令 IL、ILC、JMP、JME 的使用方法及分支、跳步指令的区别;掌握 SFT 的使用;了解暂存器的功能,加深对这些指令理解。

(2)熟悉特殊功能指令 DIFU、DIFD、KEEP,并掌握这些指令的基本运用方法。

二、实验设备

(1)PLC 控制系统。

(2)连接导线一套。

三、实验要求

(1)每次实验前,要求学生必须仔细阅读分析有关的指令功能,分析实验中可能得到的结果。在实验过程中,认真观察 PLC 的输入、输出状态,以验证输出结果是否正确。

(2)根据实验室所提供 PLC 机型,合理使用输入、输出设备,进行 I/O 分配,画出输入、输出接线图。

(3)输入程序并调试运行。

(4)写实验报告时,要求同学将结果填写在适当的表格中或者画出其输入、输出时序图。

四、实验内容

1. 分支指令、跳步指令、位移指令及暂存器的使用实验

输入如下梯形图程序,观察运行结果,画出输出时序图。

(1)

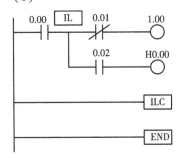
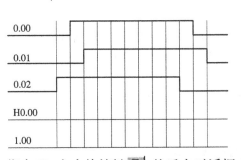

提示:以上梯形图输入方法如下,如指令 IL,点击快捷键 ，然后在对话框内输入大写字母 IL 即可。

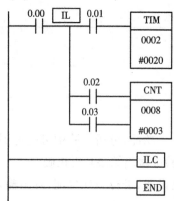

（2）

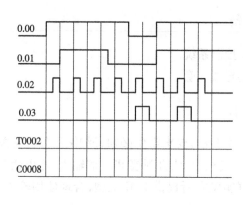

将上面梯形图程序中的 IL/ILC 分别用 JMP/JME 代替,考察在同样输入情况下的输出状态,并总结 IL/ILC 和 JMP/JME 的区别。

（3）输入下列位移指令程序,在监视状态下观察 1 和 2 通道怎样随输入变化。

将上面梯形图程序中的 IL/ILC 分别用 JMP/JME 代替,考察在同样输入情况下的输出状态,并总结 IL/ILC 和 JMP/JME 的区别。

（4）输入梯形图所示的程序,了解暂存器的功能。

2. 微分与保持指令

输入如下梯形图程序,观察运行结果,画出输出时序图。

（1）

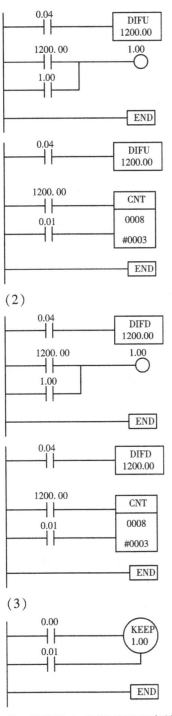

（2）

（3）

注:保持继电器梯形图程序输入方法。

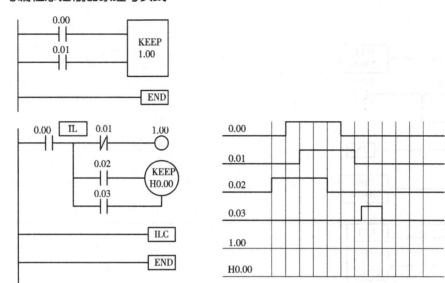

实验三　指令系统训练 3——数据处理指令

一、实验目的

熟悉数据处理指令 MOV、MVN、WSFT、CMP、BIN、BCD、ADD、SUB、STC、CLC、MLPX、DMPX 和高速计数指令 FUN(98)，并掌握这些指令的基本运用方法。

二、实验设备

（1）PLC 控制系统。

（2）连接导线一套。

三、实验要求

（1）每次实验前，要求学生必须仔细阅读分析有的指令功能，分析实验中可能得到的结果。在实验过程中，认真观察 PLC 的输入、输出状态，以验证输出结果是否正确。

（2）根据实验室所提供 PLC 机型，合理使用输入、输出设备，进行 I/O 分配，画出输入、输出接线图。

（3）输入程序并调试运行。

（4）写实验报告时，要求同学将结果填写在适当的表格中或者画出其输入、输出时序图。

四、实验内容

1. 传送指令实验

传送指令 MOV、求反传送指令 MVN、字位移指令 WSFT。

（1）观察 1201 通道随输入变化情况。

```
     0.00
──────┤├──────┤ MOV  │
              │ #3456│
              │ 1201 │
              └──────┘

──────────────┤ END │
```

（2）观察 1201 通道随输入变化情况。

```
     0.00
──────┤├──────┤ MVN  │
              │ #1234│
              │ 1201 │
              └──────┘

──────────────┤ END │
```

（3）观察当 0.02 为 ON,0.03 为 OFF 时,D0000、D0001、D0002 通道的内容随输入变化的情况;观察当 0.02 为 OFF,0.03 为 ON 时,D0000、D0001、D0002 通道的内容随输入变化的情况。

```
     0.02
──────┤├──────┬──┤ MOV  │
              │  │ #0001│
              │  │ D0000│
              │  └──────┘
              │
              │  ┌──────┐
              ├──┤ MOV  │
              │  │ #0001│
              │  │ D0001│
              │  └──────┘
              │
              │  ┌──────┐
              └──┤ MOV  │
                 │ #0001│
                 │ D0002│
                 └──────┘
     0.03
──────┤├──────┤ DIFU │
              │1200.00│
              └──────┘
   1200.00
──────┤├──────┤ WSFT │
              │ D0000│
              │ D0001│
              │ D0002│
              └──────┘

──────────────┤ END │
```

2. 比较与转换指令实验

比较指令 CMP、从 BCD 码到 BIN 码的转换指令、从 BIN 码到 BCD 码的转换指令。

注:梯形图中,P_GT 为大于标志,P_EQ 为等于标志,P_LT 为小于标志。

（1）比较指令 CMP,观察当两个操作数 CP1 和 CP2 为下列情况时,哪个计数器工作?

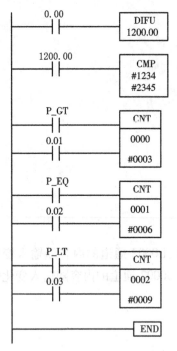

运行结果:

CP1>CP2时,计数器_____作减计数;

CP1=CP2时,计数器_____作减计数;

CP1<CP2时,计数器_____作减计数。

(2)输入如下梯形图程序,观察运行结果。

```
0.00
─┤├──────┬──────┌MOV  ┐
         │      │#0025│
         │      │D0   │
         │      └─────┘
         │      ┌─────┐
         └──────│BIN  │
                │D0   │
                │1    │
                └─────┘
─────────────────[END]
```

当0.00为ON一次,
D0通道的内容为_____,
1通道的内容为BIN码_____。

```
0.00
─┤├──────┬──────┌MVN  ┐
         │      │#FFA3│
         │      │H0   │
         │      └─────┘
         │      ┌─────┐
         └──────│BCD  │
                │H0   │
                │1200 │
                └─────┘
─────────────────[END]
```

当0.00为ON一次,
H0通道的内容为_____,
1200通道的内容为BCD码_____。

3. 加法与减法指令实验

两个 BCD 码相加指令 ADD、两个 BCD 码相减指令 SUB、标志位置位指令 STC、标志位复位指令 CLC。

注:梯形图中,P _ ON 为常通标志,P _ CY 为进位标志。

（1）加法指令。

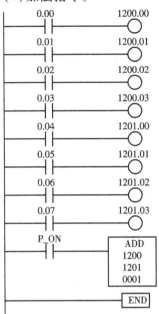

用拨码器作输入，观察输出。

（2）减法指令。

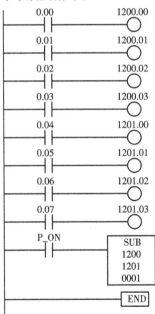

用拨码器作输入，观察输出。

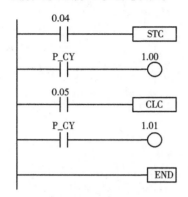

当0.04为ON时，
P_CY为_____，1.00为_____，1.01为

_____。

当0.05为ON时，
P_CY为_____，1.00为_____，1.01为

_____。

4. 译码与编码指令实验

译码指令 MLPX、编码指令 DMPX。

第 11 章　PLC 程序设计训练

实验一　PLC 实验系统的认识及系统设定

一、实验目的

(1)学会 CJ1M PLC 实验系统的设定方法。

(2)学会使用 CX-Programmer 软件进行简单的工程设计。

二、实验设备

(1)PLC 控制系统。

(2)三相异步电动机两台。

(3)连接导线一套。

三、实验说明

本实验装置所配置的编程器件为计算机,编程语言为梯形图。计算机已经安装 Windows2000 操作系统(Windows98 或更高版本的操作系统均可)。

PLC 与上位计算机已通过 RS－232C 通信电缆进行连接。

四、实验内容

1. PLC 系统设定

设定步骤如下:

(1)分别打开计算机与 PLC 电源;

(2)启动计算机桌面上的 CX-Programmer 编程软件;

图 11-1　设置设备型号

(3)新建一个工程;

(4)CX-Programmer 编程软件自动进入"改变 PLC"菜单,设置设备型号为 CJ1M,如图 11-1 所示。

(5)点击"设备型号"的 设置(S)… 按钮,并设置 CPU 类型为 CPU22,如图 11-2 所示。

(6)点击"设备型号"的 确定 按钮,再次回到"改变 PLC"菜单,设置网络类型为 SYSMAC WAY,如图 11-3 所示。

(7)点击"改变 PLC"菜单的 确定 按钮,进入编

图 11-2 设置 CPU 类型

图 11-3 设置网络类型

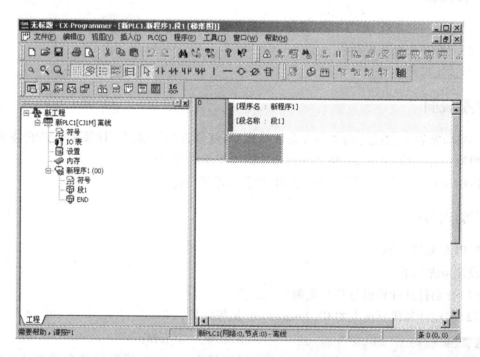

图 11-4 工程工作区和梯形图工作区

辑菜单,工程工作区和梯形图工作区如图 11-4 所示。

工程工作区中通过显示一个与工程相关的 PLC 和程序细节的分层树状结构来表示工程。

梯形图工作区可以显示梯形图程序、该程序的符号表或者助记符图。

2. 简单工程示例

设计一个"电动机延时断开电路"程序,利用 PLC 控制运行。

1）程序设计

I/O 分配:输入　0.00——SB1（启动）　输出　1.00——KM1

0.01——SB1（停止）

控制原理:当输入 0.00 端接通,内部辅助继电器 1200.00 线圈接通,其常开触点 1200.00 闭合,输出 1.00 接通,同时定时器 T0000 计时,延时 10 s 后,T0000 常闭触点打开,输出 1.00 线圈打开。

参考梯形图如图 11-5 所示,输入/输出接线如图 11-6 所示。

图 11-5　电动机延时断开电路梯形图

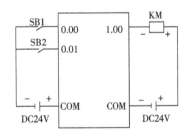

图 11-6　输入/输出接线

2）硬件接线

为了方便学生更深入地了解认识系统外设与 PLC 的关系,熟练掌握接线方法,给出了如图 11-7 所示的实物接线图,便于学生参考。

3）程序输入

当建立好一个新的工程,一个空的梯形图程序将自动显示在工作区的右侧。在梯形图中,PLC 程序指令可以以图形的方式来输入。PLC 程序的图形顺序是从左到右、从上到下,逐条、逐行、逐步进行输入（如梯形图图 11-5 中常闭触点 0.01 位于第 0 条的第一行的第二步）。见表 11-1。

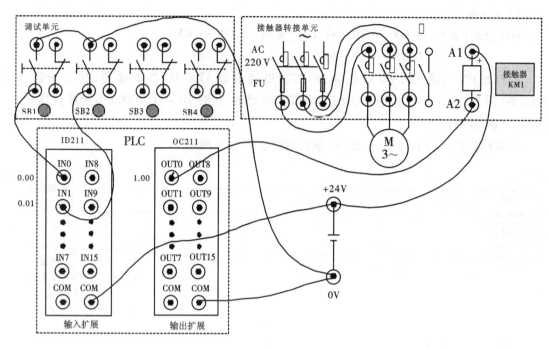

图 11-7　实物接线图

表 11-1　程序输入步骤

第 0 条：	1. 在第一条的开始放置一个常开触点,在工具栏中选择 新接点 按钮,点击第一条最左边的格子,对话框将被显示。输入地址:0.00→ 确定。编辑注释:启动→ 确认 注:此时在条的左边缘将显示一条红色线,这表明这一条出现了一个错误。当这一行输入完整后会自动消失
	2. 在工具栏中选择 新常闭接点 按钮,在常开触点旁边放置一个常闭触点。输入地址:0.01→ 确定。编辑注释:停止→ 确认
	3. 在工具栏中选择 新线圈 按钮,并点击刚刚编辑的常闭触点右边的格子。放置一个线圈:1200.00→ 确定。编辑注释:内辅驱动→ 确认 注:在条的左边缘不再有红色线,说明在这一条里面已经没有错误了
	*当选择的格子在条的右边时,回车。这将建立一个新行
	4. 在工具栏里选择 新触点 按钮,在常开触点 0.00 的下方放置一个新的常开触点(它和常开触点 0.00 还在同一个条里面),输入地址:1200.00→ 确定
第 1 条：	5. 在下一条的开始处放置一个常开触点,输入地址:1200.00→ 确定
	6. 在工具栏选择 新的 PLC 指令 按钮,在常开触点旁边输入定时器指令:TIM_0000_#0100→ 确定
第 2 条：	7. 在下一条的开始处放置一个常闭触点,输入地址:T0000→ 确定

续表

⊣⊢	8. 在常闭触点右边放置一个常开触点,输入地址:1200.00→确定
⟨⟩	9. 在常开触点的右边,放置一个线圈:1.00;注释:输出驱动
⊟	10. 在工具栏中选择 新的 PLC 指令 按钮,在下一条里添加指令 END 注:"新程序 1"的"段 2"里已有该条指令,在这里可以练习一下输入方法,然后再删去

4)程序编译(自动检查程序)与修改

当程序编写完成时,将对整个程序进行检查,产生对象代码。

无论是在线程序还是离线程序,在其生成和编辑过程中不断被检验。在梯形图中,程序错误以红线出现。如果条中出现一个错误,在梯形图条的左边将会出现一道红线。例如在图表窗口已经放置了一个元素,但是在没有分配符号和地址的情况下,这种情形就会出现。

按照以下步骤来编译程序,见表 11-2。

表 11-2　程序编译步骤

⬇	选择工具栏中的 编译程序 按钮(或选择菜单相关项:程序→编译)来编译一个程序

随之将自动列出程序中所有的错误细目,并显示在输出窗口的编译标签下面。按照错误细目可以对程序进行编辑与修改。

注:"警告"可以下传程序,但是会导致运行错误,应进行修改;而"错误"是绝对不允许的,它不能下传程序,必须进行修改。

5)把程序下载到 PLC

工程包含要装载程序的 PLC 设备类型和 CPU 型号及所连接的 PLC 网络类型。在开始下载程序之前,必须检查这些信息,以确保这些信息是正确的(实验开始时,已经对所使用的 PLC 进行了系统设定)。

按照以下步骤来将程序下载(传送)到 PLC,见表 11-3。

表 11-3　程序下载步骤

💾	1. 选择工具栏中的 保存工程 按钮,保存当前的工程。如果在此以前还未保存工程,那么就会显示保存 CX-Programmer 文件对话框。在文件名栏输入文件名称,然后选择保存按钮,完成保存操作
🔼	2. 选择工具栏中的 在线工作 按钮(或选择菜单相关项:PLC→在线工作),与 PLC 进行连接。将出现一个"准备连接 PLC"对话框,选择 是(Y) 按钮,梯形图工作区变成灰色

	3.选择工具栏中的 编程模式 按钮(或选择菜单相关项：PLC→操作模式→编程),出现"此命令将影响所连接的 PLC 状态"对话框,选择 是(Y) 按钮(是否出现这个对话框,视 PLC 当前模式而定)。把 PLC 的操作模式设为"编程"模式,此时工程工作区左上部显示"停止/编程模式"
	4.选择工具栏中的下载按钮,即 传送到 PLC (或选择菜单相关项：PLC →传送→到 PLC)按钮,将显示"下载选项"对话框,设置为程序→ 确定 ,此时屏幕出现下载程序的动态画面,之后屏幕显示"下载成功!"→ 确定 屏幕显示：此命令将影响所连接的 PLC 状态——(请选择：) 是(Y) 屏幕显示：把 PLC 转换到程序模式?——(请选择：) 是(Y) 屏幕显示：PLC 返回到运行模式?——(请选择：) 是(Y) (是否出现上面的屏幕显示,视 PLC 当前模式而定)

6)从 PLC 上载程序(如果需要的话)

按照下列步骤将 PLC 程序上传,见表 11-4。

表 11-4　程序上传步骤

	在在线状态下,选择工具栏中的上载按钮,即 从 PLC 传送 按钮(或选择菜单相关项：PLC→传送→从 PLC)。工程树中的第一个程序将被编译并显示上载对话框,设置为程序→ 确定 ,此时屏幕出现上载程序的动态画面,之后屏幕显示"上载成功!"→ 确定

7)工程程序和 PLC 程序的比较(如果需要的话)

工程程序可以和 PLC 程序进行比较,可按照以下步骤来比较工程程序和 PLC 程序。表 11-5。

表 11-5　工程程序和 PLC 程序比较步骤

	选择工具栏中的 与 PLC 进行比较 按钮(或选择菜单相关项：PLC→传送→与 PLC 比较),将显示比较选项对话框,设置为程序→ 确定 ,此时屏幕出现比较程序的动态画面,之后屏幕显示"比较成功!"→ 确定

有关工程程序和 PLC 程序之间的比较细节显示在输出窗口的编译窗口中,如图 11-8 所示。

8)在执行的时候监视程序

一旦程序被下载,就可以在图表工作区中对其运行进行监视(以模拟显示的方式)。即

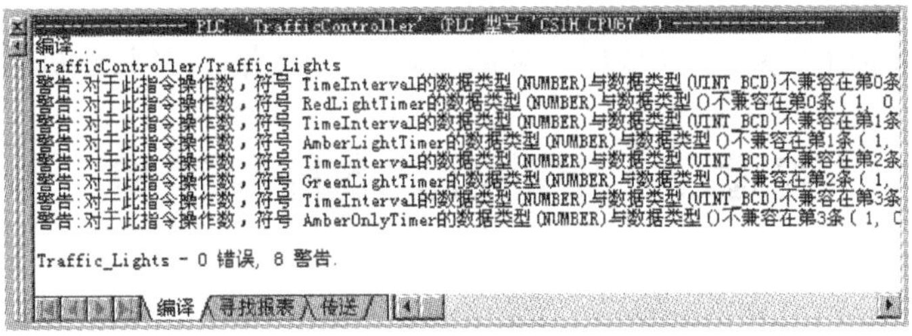

图 11-8　编译窗口

程序执行时,可以监视梯形图中的数据和控制流,如连接的选择和数值的增加,按照以下步骤来监视程序,见表 11-6。

表 11-6　监视程序步骤

（图标）	选择工程工具栏中的 **切换 PLC 监视**（或选择菜单相关项：PLC→操作模式→监视）按钮

注：数据监视值的格式将取决于被监视的用作操作数的符号或者指令操作数的数据类型。

9）在线编辑

虽然下载的程序已经变成灰色以防止被直接编辑,但还是可以选择在线编辑特性来修改梯形图程序。

当使用在线编辑功能时,通常使 PLC 设置在"编程"或"监视"模式下。在"运行"模式下面进行在线编辑是不可能的,一般使用以下步骤进行在线编辑。见表 11-7。

表 11-7　在线编辑步骤

	1.拖动鼠标,选择要编辑的条
（图标）	2.在工具栏中选择 **与 PLC 进行比较** 按钮（或选择菜单相关项：PLC→传送→与 PLC 比较），以确认编辑区域的内容和 PLC 内的相同
（图标）	3.在工具栏中选择 **在线编辑条** 按钮（或选择菜单相关项：程序→在线编辑→开始）。要编辑的条的背景将改变为白色,表明其现在已经是一个可编辑区。此区域以外的条的颜色不能被改变,但是可以把这些条里面的元素复制到可编辑条中去
（图标）	4.如果光标在可编辑条区域以外,选择 **转移至在线编辑条** 按钮,则返回到在线编辑条的最上面
（图标）	5.当对编辑结果满意时,在工具栏中选择 **发送在线编辑修改** 按钮（或选择菜单相关项：程序→在线编辑→发送修改）,所编辑的内容将被检查并且被传送到 PLC。一旦这些改变被传送到 PLC,编辑区域再次变成只读（灰色）
（图标）	6.如果想取消在线编辑状态,选择工具栏中的 **取消在线编辑** 按钮（或选择菜单相关项：程序→在线编辑→取消）

注：在线编辑时不能改变符号的地址和类型。

159

10）执行程序

合上三相电源空气开关（在实验屏下半部右侧），按下启动按钮，电机运行。

实验二　电动机基本控制实验

一、实验目的

用 PLC 构成三相异步电动机控制系统，熟练掌握基本控制的 PLC 程序设计方法。

二、实验设备

（1）PLC 控制系统。

（2）三相异步电动机两台。

（3）连接导线一套。

三、实验要求

（1）熟悉主电路及控制电路图。

（2）根据控制要求进行程序设计，根据实验室所提供 PLC 机型进行 I/O 分配，画出输入、输出接线图，设计梯形图程序。

（3）程序输入并调试运行。

四、实验内容

1. 三相异步电动机的启动、停止控制（自锁）

设计一个"电动机的启动、停止控制"程序，利用 PLC 控制运行。

控制要求：按下启动按钮 1SB，电动机正转运行，按下停止按钮 2SB，电动机停止运转。

1）参考电路（图 11-9）

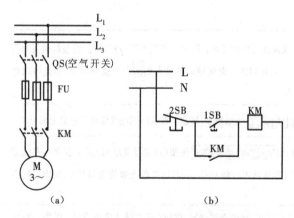

图 11-9　电动机自锁控制电路

（a）主电路　（b）控制电路

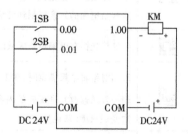

图 11-10　输入/输出接线

2）程序设计

I/O 分配:输入　0.00……1SB(启动)　　　　输出　1.00……KM

　　　　　　　0.01……2SB(停止)

输入/输出接线如图 11-10 所示,实物接线参照图 11-7。

3）参考梯形图(图 11-11)

图 11-11　三相异步电动机的启动、停止控制梯形

4）程序输入并调试运行

2. 一台电动机的异地控制

设计一个"电动机的异地控制"程序,利用 PLC 控制运行。

控制要求:在甲、乙两地均能控制一台电动机的启动和停止。

3. 一台电动机既能点动又能连续工作

设计一个"一台电动机既能点动又能连续运转"程序,利用 PLC 控制运行。

控制要求:点动控制时按下点动控制按钮 3SB,接触器 KM 吸合,电动机转动;松开 3SB,接触器释放,电动机停止;要使电动机连续工作,按启动按钮 2SB,中间继电器 KA 吸合并自锁,使接触器能够保持在吸合状态;1SB 为停止按钮,如图 11 -12 所示。

参考与提示。

(1)参考控制电路及输入/输出接线,如图 11-13 所示。

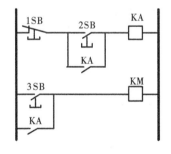

图 11-12　一台电动机既能点动又能
连续工作的继电器控制电路

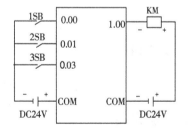

图 11-13　输入/输出接线图

(2)中间继电器 KA。

中间继电器的功用是扩大输入信号的控制功率和控制范围,即输入一个小功率信号,输出多个大功率信号。有的继电器的触头电流容量很小,不足以接通和切断控制电路,这时须用中间继电器扩大它的控制能力。用继电器的触头控制中间继电器的励磁电路,而用中间继电器的触头再去控制控制电路。

在编程中,中间继电器采用 PLC 内部辅助继电器。

PLC 除输入/输出继电器外,还有内部继电器。这些继电器不能直接驱动外部设备,它可由 PLC 中各种继电器的触点驱动,其作用与继电接触器控制的中间继电器相似。每个内部继电器有若干对常开和常闭触点,以供编程使用。

内部 I/O 区地址为 CIO 1200 ~ CIO 1499、CIO 3800 ~ CIO 6143。

4. 两台电机顺序启停控制

设计一个"两台电动机顺序启停控制"的程序,利用 PLC 控制运行。

控制要求:M1 启动之后,M2 才能启动;M2 停止后, M1 才能停止。

参考与提示:两台电动机实施顺序控制电路如图 11-14 所示。

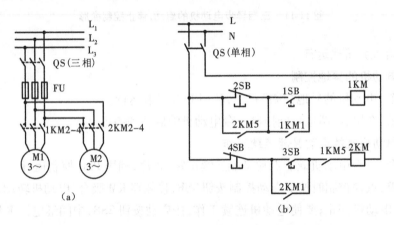

图 11-14　电动机 M1 和电动机 M2 实施顺序控制电路
(a)主电路　(b)控制电路

实验三　电动机的时间控制

一、实验目的

用 PLC 构成三相异步电动机控制系统,练习定时器和计数器的使用。

二、实验设备

(1)PLC 控制系统。

(2)三相异步电动机两台。

(3)连接导线一套。

三、实验要求

(1)熟悉主电路及控制电路图。

(2)根据控制要求进行程序设计,根据实验室所提供 PLC 机型进行 I/O 分配,画出输入、输出接线图,设计梯形图程序。

（3）程序输入并调试运行。

四、实验内容

1. 三相异步电动机的正反转控制（互锁）

设计一台"电动机的正反转控制"程序。利用 PLC 控制运行。

控制要求：按下按钮 1SB，电动机正转，延时 10 s 后，电动机反转，再经过 10 s 后，电动机正转，以此循环，要求使用"互锁环节"。

1）参考电路（图 11-15）

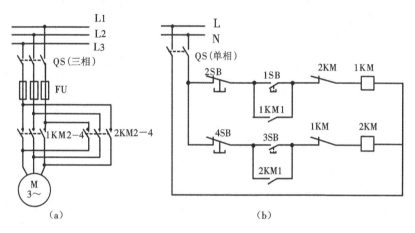

图 11-15　三相异步电动机正反转控制

（a）三相异步电动机正反转主电路　（b）控制电路

2）程序设计

输入/输出接线，如图 11-16 所示。

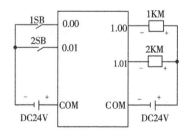

图 11-16　输入/输出接线

I/O 分配：

输入　0.00……1SB（正转）

　　　0.01……2SB（停止）

输出　1.00……1KM（正转接触器线圈）

　　　1.01……2KM（反转接触器线圈）

计时　T0000……正转运行计时

T0001……反转运行计时

（PLC 内部定时器,不需外部接线）

实物接线参照图 11-17。

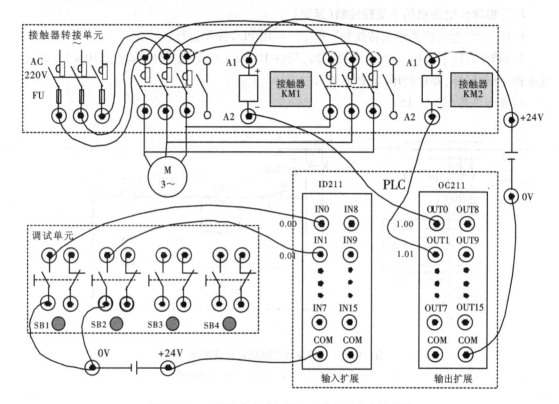

图 11-17　三相异步电动机的正反转控制实物接线图

梯形图参考图 11-18。

3）程序输入并调试运行

参考与提示:定时器指令输入方法,例如选用 0000 号定时器,定时 5 s,则键入方法为 TIM _ 0000 _.0050。

2. 两台电机自动联锁控制 1

控制要求:M1 先启动,经 5 s 延时后,M2 才能自行启动;再 5 s 后, M1、M2 同时停止。

参考与提示:控制电路与主电路如图 11-14 所示。

3. 两台电机自动联锁控制 2

控制要求:按下启动按钮,M1 启动,5 s 后 M1 停止,M2 自行启动;再 5 s 后,M2 停止, M1 自行启动,如此循环三次停止。

参考与提示:

（1）控制电路与主电路如图 11-14 所示;

（2）计数器指令输入方法,例如选用 0001 号计数器,计数 5 次,则键入方法 CNT _ 0001 _#0005→确定。

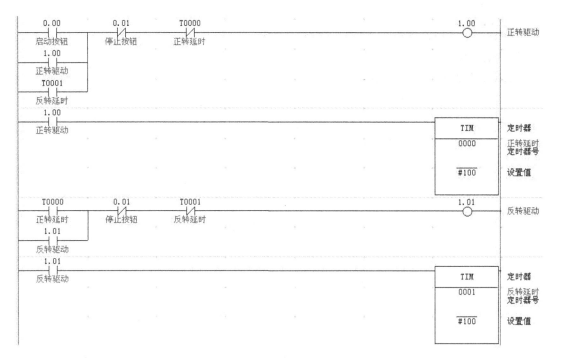

图 11-18　三相异步电动机的正反转控制梯形图

实验四　PLC 应用程序的编制练习

一、实验目的

PLC 最基本的应用范围是用于开关逻辑控制,可用 PLC 取代传统的继电器－接触器控制,如机床电气、电机控制中心等,也可以取代顺序控制,如高炉上料、电梯控制、货物存取、运输、检测等。总之,PLC 可用单机、多机群以及生产线的自动化控制。这里练习一些 PLC 简单应用程序的设计。

二、实验设备

（1）PLC 控制系统。

（2）连接导线一套。

三、实验要求

（1）根据控制要求进行程序设计,根据实验室所提供 PLC 机型进行 I/O 分配,画出输入、输出接线图,设计梯形图程序。

（2）程序输入并调试运行。

四、实验内容

1. 水塔水位自动控制

用 PLC 构成水塔水位控制系统。

(1)控制要求:水塔水位控制图如图 11-19 所示,当水池水位低于低水位界(S4 为 ON 表示),电磁阀 Y 打开进水(S4 为 OFF 表示高于水池低水位界),当水位高于水池高水位界(S3 为 ON 表示),阀 Y 关闭。

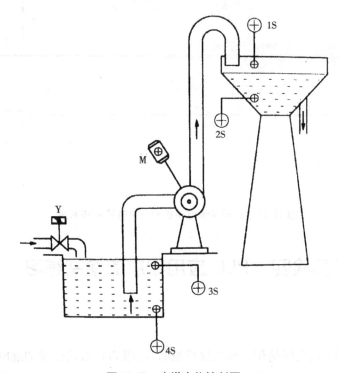

图 11-19　水塔水位控制图

(2)I/O 分配:

输入　0.03……S3

　　　0.04……S4

输出　1.01……Y

(3)按图 11-20 所示的梯形图输入程序。

图 11-20　水塔水位控制梯形图

(4)调试并运行程序。

2. 自控轧钢机

用 PLC 构成自动轧钢机系统。

(1)控制要求:自控轧钢机控制图如图 11-21 所示,当启动按钮按下,电动机 M1、M2 同时运行,传送钢板,检测传送带上有无钢板的传感器 S1 有信号(即 S1 = ON)时,表示有钢板,则电动机 M3 正转(即 M3F = ON),S1 的信号消失(即 S1 = OFF),检测传送带上钢板到位后传感器 S2 有信号(即 S2 = ON)时,表示钢板到位,电磁阀 Y1 动作(即 Y1 = ON),电动机 M3 反转(即 M3R = ON),传走钢板,如此循环下去;当按下停止按钮则停机,需要重新启动。

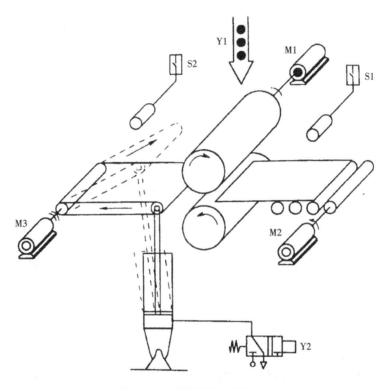

图 11-21　自控轧钢机控制图

(2)I/O 分配:

输入	输出
0.00……启动按钮	1.00……M1
0.01……S1	1.01……M2
0.02……S2	1.02……M3F
0.03……停止按钮	1.03……M3R
	1.04……Y1

(3)按图 11-22 所示的梯形图输入程序。

(4)调试并运行程序。

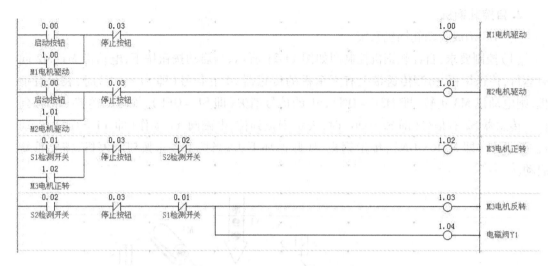

图 11-22　自控轧钢梯形图

3. 广告灯控制程序

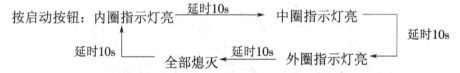

按下停止按钮,灯全部熄灭。

4. 三路抢答器控制程序

控制要求:试用 PLC 设计一个三人智力抢答器程序,按钮若干,三个抢答指示灯,一个公共铃(也用灯代替),一个公共犯规指示灯作为 PLC 的外部输入、输出设备,画出 PLC 外部输入、输出接线图并设计梯形图。

按下开始抢答按钮,该组指示灯亮、公共铃响;若在开始前抢答,除该组指示灯亮、公共铃响外,公共犯规指示灯也亮;按下复位按钮,系统全部复位。

参考与提示:实验室没有提供指示灯,请同学利用实验室提供的"TVT90HC – 3 交通灯自控与手控"实验板上的红、黄、绿三个指示灯代替(注意直流 24 V 供电)。

输入/输出接线图如图 11-23 所示。

5. 物料传送带控制程序

控制要求:两台电动机顺序启动,逆序停止,即按下启动按钮,M1 启动,延时 12 s 后,M2 启动;按下停止按钮,M2 停止,延时 12 s 后,SM1 停止。

按下启动按钮:M1 启动 $\xrightarrow{\text{延时 12 s}}$ M2 启动。

按下停止按钮:M2 停止 $\xrightarrow{\text{延时 12 s}}$ M1 停止。

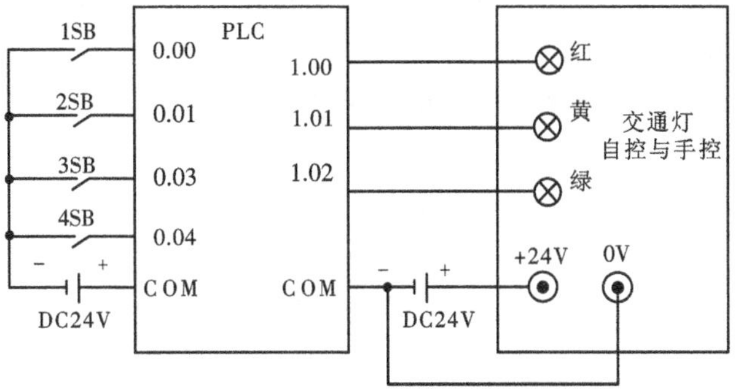

图 11-23　输入/输出接线图

实验五　水塔水位自动控制

一、实验目的

（1）了解水塔水位控制的工作原理。

（2）学习 PLC 中编写水塔水位的控制程序。

（3）学习 PLC 中过程控制程序的编写。

二、实验设备

（1）PLC 控制系统。

（2）水塔水位自动控制实验板。

（3）连接导线一套。

三、系统接口说明

Y——蓄水池注水阀门。

M——水塔注水阀门。

S1——水塔上限水位传感。

S2——水塔下限水位传感。

S3——蓄水池上限水位传感。

S4——蓄水池下限水位传感。

四、实验内容

1. 控制要求

（1）系统自动运行。

（2）当水塔水位低于低水位界 S2，且水池水位高于水池低水位界 S4 时，水泵 M 工作，水塔进水，当水塔水位高于水塔高水位界 S1，水泵 M 关闭。

169

（3）当水池水位低于低水位界 S4 时，电磁阀 Y 打开，开始进水，当水位高于水池高水位界 S3，电磁阀 Y 关闭。

（4）当水池水位低于低水位界 S4 时，电机 M 不能运转。

2.I/O 分配

输入：　　　　　　　　　　　　　输出：

0.00……S1　　　　　　　　　　 1.00……M

0.01……S2　　　　　　　　　　 1.01……Y

0.02……S3

0.03……S4

实验六　多种液体自动混合

一、实验目的

（1）了解多种液体混合控制的工作原理。

（2）学习 PLC 中编写多种液体混合的控制程序。

（3）学习 PLC 中过程控制程序的编写。

二、实验设备

（1）PLC 控制系统。

（2）多种液体自动混合实验板。

（3）连接导线一套。

三、系统接口说明

Y1——注水管 1。

Y2——注水管 2。

Y3——注水管 3。

Y4——放水管。

M——搅拌电机 M。

S1——液灌上限水位传感。

S2——液灌液面高 2 水位传感。

S3——液灌液面高 1 水位传感。

四、实验内容

1.控制要求

（1）电磁阀 Y1 开启，开始注入液体 A，当液面高度为 S3 时，停止注入液体 A，同时开启液体 B 电磁阀 Y2 注入液体 B，当液面高度为 S2 时，停止注入液体 B，同时开启液体 C 电磁阀 Y3 注入液体 C,当液面高度为 S1 时,停止注入液体 C。

(2)停止液体 C 注入时,开启搅拌机 M,搅拌混合时间为 10 s。

(3)开始放出混合液体,当液体高度降为 S3 后,再经 5 s 停止放出。

(4)依此循环。

2. I/O 分配

输入：　　　　　　　　　　　输出：

S1……0. 00　　　　　　　　　Y1……1. 00

S2……0. 01　　　　　　　　　Y2……1. 01

S3……0. 02　　　　　　　　　Y3……1. 02

　　　　　　　　　　　　　　　Y4……1. 03

　　　　　　　　　　　　　　　M……1. 04

实验七　　电镀流水线

一、实验目的

(1)了解电镀流水线的工作原理。

(2)PLC 在电镀流水线上的应用。

(3)PLC 在复杂过程控制中的程序编写。

二、实验设备

(1)PLC 控制系统。

(2)电镀流水线实验板。

(3)连接导线一套。

三、系统接口说明

SQ1——天车位置 1(电镀槽位置)。

SQ2——天车位置 2(回收液位置)。

SQ3——天车位置 3(清水槽位置)。

SQ4——天车位置 4(取料位置)。

SQ5——挂钩上限位传感。

SQ6——挂钩下限位传感。

M1——前天车电机前行 Y2。

M1——后天车电机后行 Y1。

M2——上挂钩电机上行 Y4。

M2——下挂钩电机下行 Y3。

四、实验内容

1. 初始状态

SQ1、SQ2、SQ3、SQ4、SQ5、SQ6 为限位开关;SQ4、SQ5 灯亮,表示 M1、M2 在取物台的正上方;SQ1、SQ2、SQ3、SQ6 和 M1、M2 均为 OFF。

2. 启动操作

(1)按下启动按钮,工作信号灯亮,表示系统可以工作;2 s 后,M2 下(Y3)得电下行取待加工元件;SQ6 灯亮表示可以取元件,M2 下失电;5 s 后 M2 上(Y4)得电,取待加工元件上行;SQ5 灯亮表示上行到位,M2 上失电。

(2)电机 M1 后(Y1)得电后行,直到碰到 SQ1 限位开关才停止,M2 下(Y3)得电下行放元件;SQ6 灯亮表示下放结束,电极(Y5)得电进行电镀;10 s 后结束电镀,M2 上(Y4)得电上行,到达 SQ5 后,M2 上失电。

(3)M1 前(Y2)得电前行,到达 SQ2 位置停止,进行回收液处理工作;同样是 M2 下(Y3)得电下行,5 s 后 M2 上(Y4)得电上行;当碰到 SQ5 后再前行,到达 SQ3 位置停止,进行清水处理工作;同样是 M2 下(Y3)得电下行,5 s 后 M2 上(Y4)得电上行;当碰到 SQ5 后再前行,到达 SQ4 后停止 M1 前(Y2)前行。

(4)当到达 SQ4 后,开始将被加工元件下放到取物台上,并取下一个待加工元件,进行下一个循环。

3. 停止操作

当按下停止按钮 0.07 后,系统停止工作,并保持停止前工作状态;若再次启动,则继续按停止前工作状态工作。

4. I/O 分配

输入:

启动……0.00
SQ1……0.01
SQ2……0.02
SQ3……0.03
SQ4……0.04
SQ5……0.05
SQ6……0.06
停止……0.07

输出:

工作信号灯……1.00
M1 后……1.01
M1 前……1.02
M2 下……1.03
M2 上……1.04
电极……1.05

实验八　交通信号灯自控与手控

一、实验目的

(1)了解交通灯的自动控制的工作原理。

(2)学习 PLC 中编写交通灯的控制程序。

(3)学习 PLC 中 BCD 码转换指令的应用。

二、实验设备

(1)PLC 控制系统。

(2)交通灯自控与手控实验板。

(3)连接导线一套。

三、系统接口说明

S1——启动/停止。

L1——行人禁行标志。

L2——行人通行标志。

A0,B0,C0,D0——0 位 BCD 码输入。

A1,B1,C1,D1——1 位 BCD 码输入。

四、实验内容

1. 控制要求

开关(或按 S1)合上后,东西绿灯亮 4 s 后闪 2 s 灭;黄灯亮 2 s 灭;红灯亮 8 s;绿灯亮循环,对应东西绿黄灯亮时南北红灯亮 8 s,接着绿灯亮 4 s 后闪 2 s 灭;黄灯亮 2 s 后,红灯又亮,依此循环。

2. I/O 分配

输入:0.00……启动按钮

输出:1.02……东西红灯　　1.05……南北红灯

　　　1.01……东西黄灯　　1.04……南北黄灯

　　　1.00……东西绿灯　　1.03……南北绿灯

L1……1.06

L2……1.07

A0……1.08

B0……1.09

C0……1.10

D0……1.11

A1……1.12

B1……1.13

C1……1.14

D1……1.15

实验九　自动售货机

一、实验目的

(1)了解自动售货机的工作原理。

(2)学习 PLC 中编写自动售货机的控制程序。

(3)学习 PLC 中加法、减法等指令的用法。

二、实验设备

(1)CJ1M 主机。

(2)自动售货机实验板。

(3)连接导线一套。

三、系统接口说明

可乐——选择按键信号传感。

纯水——选择按键信号传感。

牛奶——选择按键信号传感。

酸奶——选择按键信号传感。

退币——选择按键信号传感。

5 角——选择按键信号传感。

1 元——选择按键信号传感。

5 元——选择按键信号传感。

L1——系统运行状态指示。

L2——系统运行状态指示。

取物口——取物电机驱动口。

退币口——退币电机驱动口。

A1、B1、C1、D1——BCD 码驱动指示输入端。

A0、B0、C0、D0——BCD 码驱动指示输入端。

四、实验内容

1.控制要求

(1)按下投币口按钮 5 角、1 元、5 元,数码显示投币金额为 0.5、1.0、5.0。

(2)显示金额减去所买货物金额后,数码显示余额,可以一次多买,直到金额不足,灯 L1 亮提示余额不足。

(3)当投币余额不足时,如果继续投币则可连续购买。

(4)投币金额超过十元,数码管显示低两位,但可以继续正确购物。

（5）购物6 s后，如果没有再操作，则取物口灯亮，有余额则退币口灯亮。

（6）如不买货物，按退币钮则退出全部金额、数码显示为零，退币口灯亮。

2. I/O 分配

输入：

可乐……0.00

纯水……0.01

牛奶……0.02

酸奶……0.03

退币……0.04

5角……0.05

1元……0.06

5元……0.07

输出：

L1……1.0

L2……1.1

取物口……1.2

退币口……1.3

A0……1.8

B0……1.9

C0……1.10

D0……1.11

A1……1.12

B1……1.13

C1……1.14

D1……1.15

实验十　模拟量单元操作

一、实验目的

（1）掌握模拟量模块的软件设定。

（2）利用CX-P编程的基本操作。

二、实验设备

（1）PLC控制系统（CJ1M-CPU22、AD041-V1、DA021、ID211、OC211、PA205R）。

（2）连接导线一套。

三、实验内容

1. 硬件设定

具体设定方法略。

实验室PLC系统的特殊I/O单元的单元号已经设定好：CJ1W-AD041-V1的单元号为0#单元；CJ1W-DA021的单元号为10#单元。

2. 软件设定

1）输入模块AD041-V1（0#单元）

（1）DM内容分配。

$m = 20000 + 100 \times 单元号 = 20000 + 100 \times 0 = 20000$，即DM从20000开始。见表11-8。

表 11-8　输入模块 DM 内容分配

D20000	15	14	13	12	11	10	09	08	07	06	05	04	03	02	01	00
						Not used（全为00）							1	0	1	1

4 路:置"1",输入使能

如 00、01 和 03 三路分别置"1",即设置为使能端,则为三路输入:#000B。

D20001	15	14	13	12	11	10	09	08	07	06	05	04	03	02	01	00
						Not used（全为00）							00	00	00	01

4 路(占 8 位:2 位/路):输入信号范围

其中,输入信号范围:00　　−10 V ~ 10 V

01　　0 ~ 10 V

10　　1 ~ 5 V/4 ~ 20 mA

11　　0 ~ 5 V

如 00 和 01 两位置"01",即代表第一路输出范围为 0 ~ 10 V。

D20002	IN1:采集信号取平均值设定	平均值取值设定:	采集信号的组数越多结果越准确,但所用时间越长。可以具体问题具体分析,对于变化较慢的信号如温度等可多取一些,反之对于灵敏度较高的信号可少取一些。
D20003	IN2:采集信号取平均值设定	0000　　2 组	
D20004	IN3:采集信号取平均值设定	0001　　不取平均值	
		0002　　4 组	
D20005	IN4:采集信号取平均值设定	0003　　8 组	
		0004　　16 组	
		0005　　32 组	
		0006　　64 组	
D20006 ~ D20018	内部使用		

如 D20003 设置为 0003 = #3,则为采集八组信号取平均值。

根据以上所述,如将模拟量前两路(AD041-V1 为四路输入)设置使能(起作用),则 D20000 最后两位设置为 1,即 0011 = #3;且每路输入信号的电压检测范围为 0 ~ 10 V,则 D20001 的"00、01""02、03"应分别设置为 01,即 0101 = #5;如采集四组信号取平均值,则 IN 设置为 0002 = #2。

(2)I/O 输入转换值分配表。

n = 2000 + 10 × 单元号 = 2000 + 10 × 0 = 2000,即 I/O 从 2000 开始。见表 11-9。

表 11-9　I/O 输入转换值分配

word	bits(位)															
	15	14	13	12	11	10	09	08	07	06	05	04	03	02	01	00
2000																

4 路 Input:置"1",用到哪路,
哪路置 1,具有峰值保持功能

2001	IN1(采集值:四位 16 进制数)			
2002	IN2(采集值:四位 16 进制数)			
2003	IN3(采集值:四位 16 进制数)			
2004	IN4(采集值:四位 16 进制数)			
2005 ~ 2008	Not used			
2009	报警标志故障码(8 位)	Not used	断开检测	
			IN4　IN3　IN2　IN1	

2)输出模块 DA021(10#单元)

(1)DM 内容分配。见表 11-10。

m = 20000 + 100 × 单元号 = 20000 + 100 × 1 = 20100,即 DM 从 20100 开始。

表 11-10　输出模块 DM 内容分配

D21000	15	14	13	12	11	10	09	08	07	06	05	04	03	02	01	00
	Not used(全为 00)														1	1

二路:置"1",输出使能

如 00 和 01 两位置"1"即设置为使能端,则为两路输出。

D21001	15	14	13	12	11	10	09	08	07	06	05	04	03	02	01	00
	Not used(全为 00)												00		01	

二路(占 4 位:2 位/路):输出信号范围

其中,输出信号范围:00　　−10 V ~ 10 V

01　　0 ~ 10 V

10　　1 ~ 5 V/4 ~ 20 mA

11　　0 ~ 5 V

如 00 和 01 两位置"01",即代表第一路输出范围为 0 ~ 10 V。

	15	14	13	12	11	10	09	08	07	06	05	04	03	02	01	00
D21002													Out1:当转换停止时的输出状态			
D21003						Not used(全为00)							Out2:当转换停止时的输出状态			

其中,模拟量转换停止(指 PLC 上电断电、工作模式转换等)输出时的状态:

00　CLR(0 V 或 min 值)

01　HOLD(保持停止前的状态)

02　MAX(输出范围内的最大值)

(2)I/O 输出转换值分配表。见表 11-11。

n = 2000 + 10 × 单元号 = 2000 + 10 × 10 = 2100,即 I/O 从 2100 开始。

表 11-11　I/O 输出转换值分配

CIO2100	15	14	13	12	11	10	09	08	07	06	05	04	03	02	01	00
						Not used(全为00)									0	1

二位输出:置"1",送出

2101	Output0(输出值:四位 16 进制数)			
2102	Output1(输出值:四位 16 进制数)			
2103 – 2108	Not used			
2109	报警标志故障码(8 位)	0	设置错误输出	
			Out4	Out3	Out2	Out1

3. 编程练习

控制要求:把输出值送入输入,通过修改输出可以读到输入值的变化。

编程步骤:

(1)单元号设定,AD041-V1 输入模块为 0#,DA021 输出模块为 10#;

(2)A/D 选通信号设定,D20000 设为 0001(选通输入 1);

(3)D/A 选通信号设定,D21000 设为 0001(选通输出 1)。

参考程序:

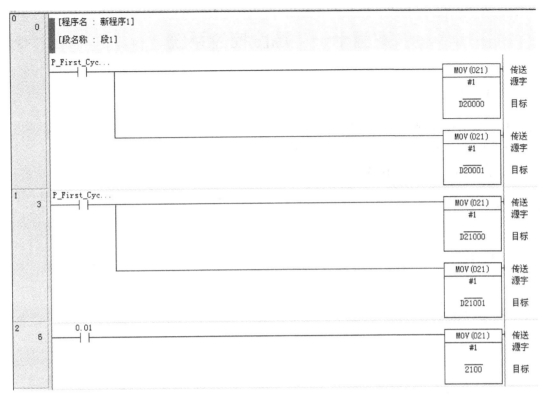

地址分配：输入 SB 为 0.01。

模拟量输入 AD041：IN1 + 和 IN1 – 。

模拟量输出 DA021：V1 + 和 COM1。

接线提示：控制要求中"把输出值送入输入"，在进行导线连接时应把输出"V1 +、COM1"与输入"IN1 +、IN1 –"对应连接。

运行观察：按照控制要求"通过修改输出可以读到输入值的变化"，即观察当 CIO2100 置 1 时，改变输出 CIO2101 的值（参考数值变化范围 &0000 ~ &4000），输入 CIO2001 的值的变化情况。

操作提示：视图→窗口→查看，弹出需要观察的窗口，输入所要观察的地址号。双击表格第一行，弹出"编辑对话框"窗口→点击浏览(B)→弹出"寻找符号"对话框，在地址和姓名栏中输入要查看的地址号，如 2001，点击确定，再次回到"编辑对话框"窗口，点击确定即可。

观察：双击地址号弹出"设置新值"对话框→输入新值，如 &4000→设置值(S)。即可观察到输出 CIO2101 内值的变化，观察输入 CIO2001 内值随输出值的变化而变化的情况。

实验十一　温度控制系统

一、实验目的

(1)了解温度控制系统的工作原理。

(2)学习 PLC 中编写温度控制系统的控制程序。

(3)学习 PLC 中 A/D、D/A 的用法。

二、实验设备

(1)PLC 控制系统。

(2)TVT90HC—13 温度控制系统实验板。

(3)连接导线一套。

三、系统接口说明

SQ1——炉门开度上限位。

SQ2——炉门开度下限位。

SQ3——进料小车入炉传感器。

SQ4——进料小车出炉传感器。

M——上炉门电机升电磁阀。

M——下炉门电机降电磁阀。

Uc——炉温度控制电压(2~5 V)。

温度传感器输出电压(V)——1.3~3.6 V 对应的温度指示是 0~990 ℃。

四、实验内容

1. 控制要求

1)初始状态

(1)电动机 M 处于 OFF,小车停在 SQ3 位置,SQ3 发光管亮,表示小车准备就绪,SQ4 发光管灭。

(2)炉门关闭,SQ2 亮,表示炉门关闭,SQ1 灭。

(3)电炉丝关断即处于 OFF 状态。

2)动作过程描述

按下启动按钮,开始下列操作:

(1)电动机 M 正转(向上箭头指示灯亮),炉门打开,SQ2 灭;

(2)当炉门全部打开时,SQ1 亮,M 停车;

(3)当 M 停车时,SQ3 灭,运送工作的小车进入炉膛;

(4)当小车到达 SQ4 位置时,SQ4 亮,M 反转(向下箭头指示灯亮),SQ1 灭,当炉门关闭

时 SQ2 亮,此时电炉丝发光管亮;

(5)处于室温的炉膛通过温度传感器将温度转换成模拟的电压信号,输入给 PLC,在 PLC 内部与温度设定值(由电压表输入的模拟电压信号)进行比较和计算,PLC 的模拟量输出口的输出电压 Uc 接通炉丝,小车上的工件开始加热,工件需要加热的温度可根据工艺要求来设定,如 800 ℃,其设定值由 PLC 的另一个模拟量的输入口输入给 PLC;

(6)当炉温达到设定值 800 ℃时,保温一段时间,按下停止键后电炉丝关断停止加热,同时电动机 M 正转,SQ2 灭,炉门打开,SQ1 亮;

(7)停车时 SQ4 灭,小车退出炉膛,到达 SQ3 位置时,SQ3 亮,工件开始自然冷却,与此同时 M 反转,SQ1 灭,炉门关闭,SQ2 亮,系统回到初始状态。

2. I/O 分配

表 11-12　I/O 分配

输入			输出		
启动按钮		0.00	M 上		1.02
停止按钮		0.01	M 下		1.03
炉门打开	SQ1	0.02	Uc	蓝	V1 +
炉门关闭	SQ2	0.03		黑	V1 −
小车在炉外	SQ3	0.04			
小车在炉内	SQ4	0.05	Com 端		+ 24 V
温度设定输入(由电压输入)	V	IN1 +	—		—
	0	IN1 −	—		—
温度传感器输出	+	IN2 +	—		—
	−	IN2 −	—		—

3. 接线提示

按　钮:启动按钮 SB1　0.00——IN0(按钮另端接直流 24 V 的"0"端)

　　　　停止按钮 SB2　0.01——IN1(按钮另端接直流 24 V 的"0"端)

温控板:炉门开启 SQ1　0.02——IN2

　　　　炉门关闭 SQ2　0.03——IN3

　　　　小车在炉外 SQ3　0.04——IN4

　　　　小车在炉内 SQ4　0.05——IN5

　　　　输入扩展 COM——直流 24 V 的" + 24 V"端

温控板:炉门开启位 M 上　1.02——OUT2

　　　　炉门关闭位 M 下　1.03——OUT3

　　　　输出扩展 COM——直流 24 V 的"0"端

4. 模拟量输入

（1）电压源："0"——直流 24 V 的"0"端——温控板的"IN1 –"

     "0～10 V"——电压/电流源的电压端"V"——温控板的"IN1 +"

（2）温度传感器输出电压（V）：" + "——"IN2 +"

          " – "——"IN2 –"

模拟量输出："V1 +"——温控板 UC 的"蓝"端

"COM1"——温控板 UC 的"黑"端

模拟量输出下端电源接直流 24 V 电源。

温控板：右下角接直流 24 V 电源。

（3）参考梯形图如图 11-24 所示。

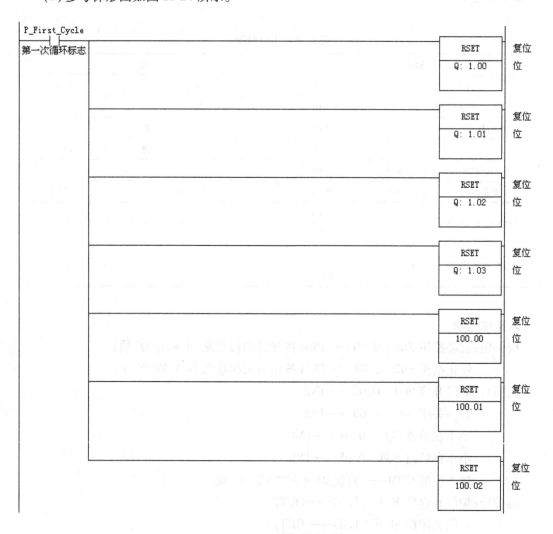

图 11-24 温度控制梯形图

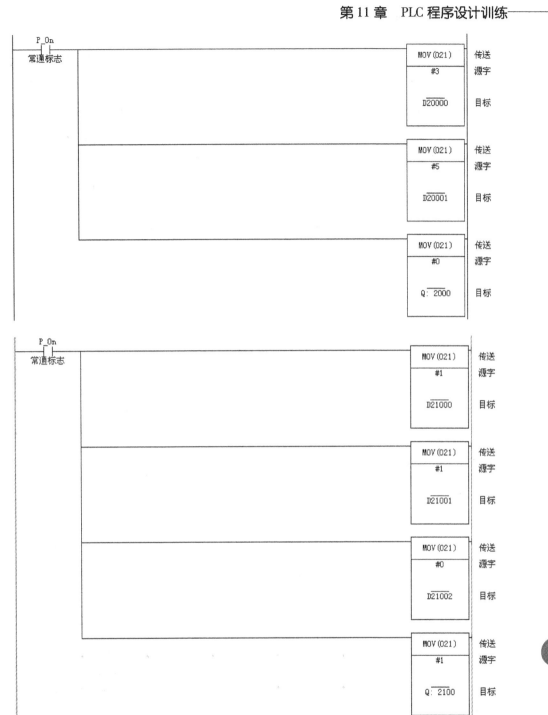

图 11-24　温度控制梯形图（续一）

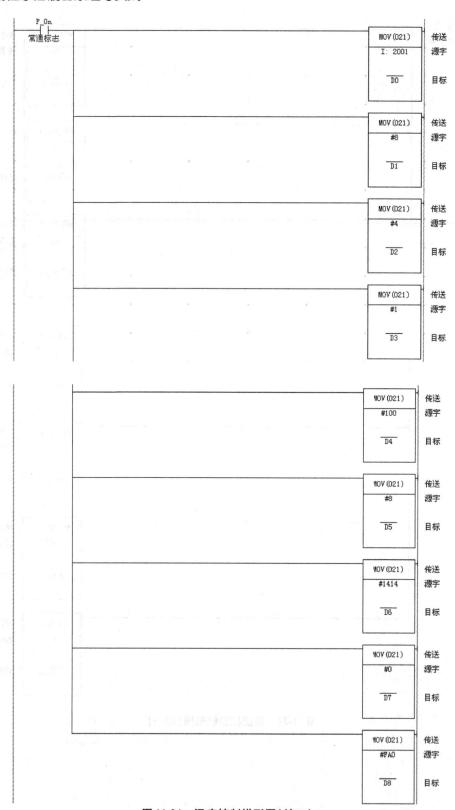

图 11-24　温度控制梯形图（续二）

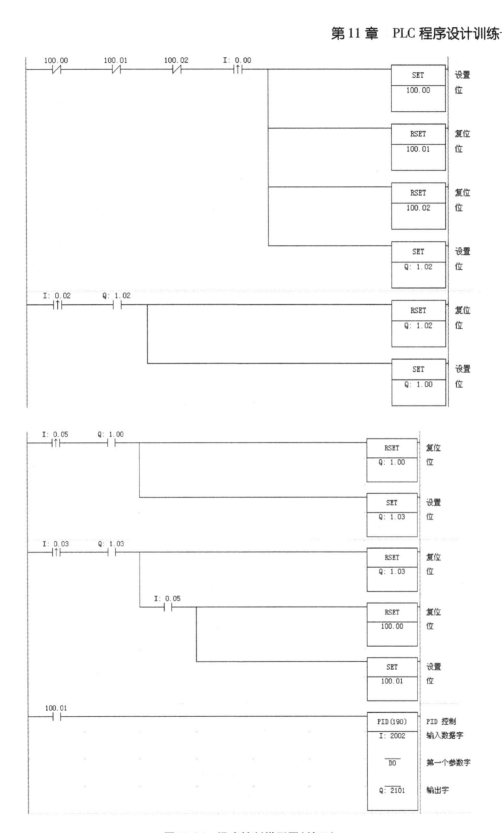

图 11-24　温度控制梯形图(续三)

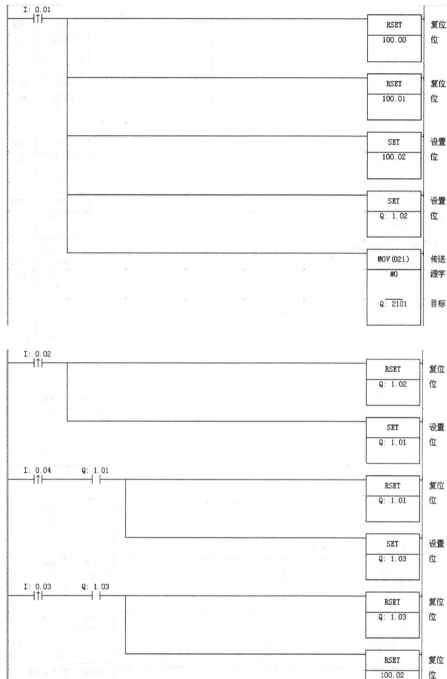

图 11-24 温度控制梯形图(续四)

附录　MCGS

一、工程建立

鼠标双击 Windows 操作系统桌面上的组态环境快捷方式，可打开嵌入版组态软件，然后按如下步骤建立通信工程。

（1）鼠标单击文件菜单中"新建工程"选项，弹出"新建工程设置"对话框，TPC 类型选择为"TPC7062K"，点击"确定"按钮，如附图 1 所示。

附图 1　新建工程设置

（2）选择文件菜单中的"工程另存为"菜单项，弹出文件保存窗口。

（3）在文件名一栏内默认"新建工程 0"，点击"保存"按钮，工程创建完毕。

二、工程组态

1. 设备组态

（1）在工作台中激活设备窗口，鼠标双击 设备窗口 进入设备组态画面，点击 打开"设备工具箱"，如附图 2 所示。

（2）在提示是否使用扩展 OmronHostLink 默认通信参数设置父设备，选择"是"，如附图 3 所示。设备工具箱中，按顺序先后双击"通用串口父设备"和"扩展 OmronHostLink"添加至组态画面窗口，如附图 4 所示。

（3）所有操作完成后关闭设备窗口，返回工作台。

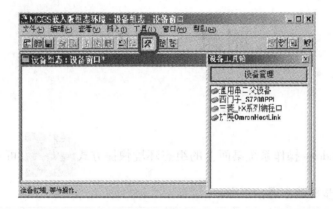

附图2　设备窗口(1)

附图3　嵌入版组态环境

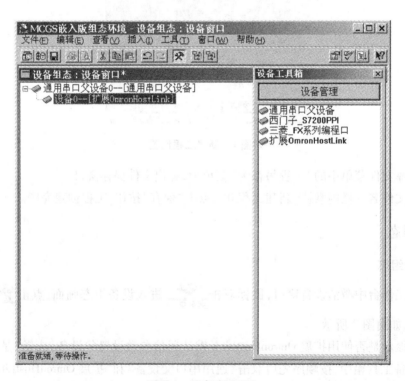

附图4　设备窗口(2)

2. 窗口组态

(1)在工作台中激活用户窗口,鼠标单击"新建窗口"按钮,建立新画面"窗口0",如附

图 5 所示。

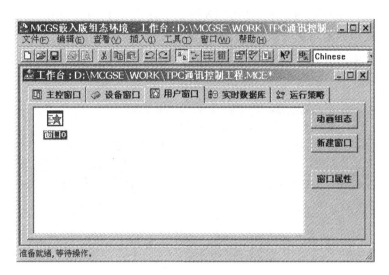

附图 5　工作台

（2）再单击"窗口属性"按钮，进入"用户窗口属性设置"对话框，在基本属性页将"窗口名称"修改为"欧姆龙控制画面"，点击"确认"按钮进行保存，如附图 6 所示。

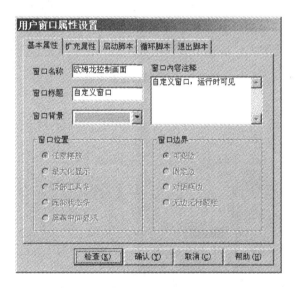

附图 6　"用户窗口属性设置"对话框

（3）在用户窗口双击 进入"动画组态欧姆龙控制画面"窗口，点击 打开"工具箱"。

（4）建立基本元件。

①按钮：从工具箱中单击选中"标准按钮"构件，在窗口编辑位置按住鼠标左键拖放出一定大小后，松开鼠标左键，这样一个按钮构件就绘制在了窗口画面中，如附图 7 所示。接

下来鼠标双击该按钮,弹出"标准按钮构件属性设置"对话框,在基本属性页中将"文本"修改为"启动",点击"确认"按钮保存,如附图8所示。按照同样的操作绘制另外一按钮,文本修改为停止,完成后如附图9所示。按住键盘的 Ctrl 键,然后单击鼠标左键,同时选中两个按钮,使用工具栏中的等高宽、左(右)对齐和纵向等间距对两个按钮进行排列对齐,如附图10所示。

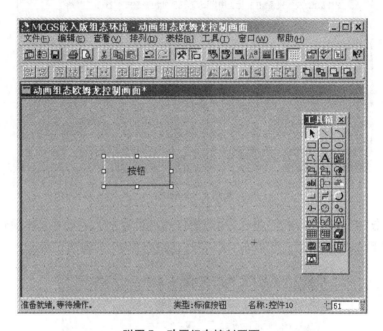

附图7 动画组态控制画面

附图8 "标准按钮构件属性设置"对话框

②指示灯:单击工具箱中的"插入元件"按钮,打开"对象元件库管理"对话框,选中图形对象库指示灯中的一款,点击确认添加到窗口画面中,并调整到合适大小,摆放在窗口中按

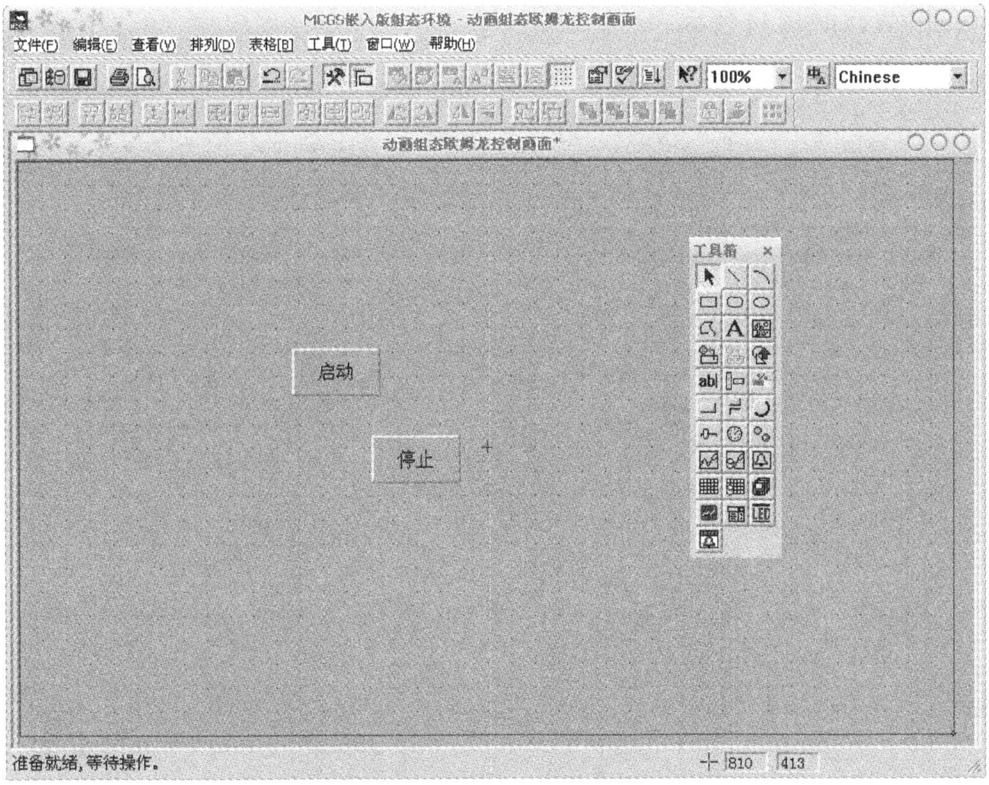

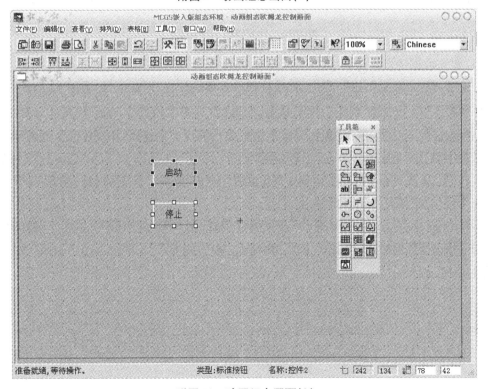

附图9 动画组态画面(1)

附图10 动画组态画面(2)

钮旁边的位置,如附图 11 所示。

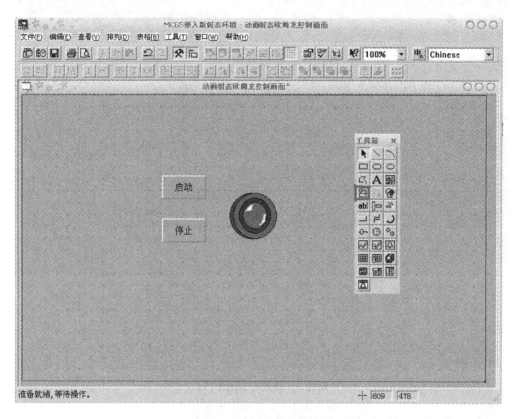

附图 11　动画组态画面(3)

(5)建立数据链接。

①按钮:双击"启动"按钮,弹出"标准按钮构件属性设置"对话框,如附图 12 所示,在操作属性页默认"按下功能"按钮为按下状态,勾选"数据对象值操作",选择"置 1",点击 [?] 弹出"变量选择"对话框,选择"根据采集信息生成",通道类型选择"IR/SR 区",通道地址为"1",数据类型选择"通道第 00 位",读写类型选择"读写",如附图 13 所示,设置完成后点击"确认"按钮。(注:IR/SR 区对应 CIO 区)设置"停止"按钮"按下功能",对应欧姆龙的 IR0001 通道地址"清 0",如附图 14 所示。

②指示灯:双击指示灯元件,弹出"单元属性设置"对话框,如附图 15 所示,在数据对象页,点击 [?] 选择数据对象"设备 0 _读写 IR0001 _00",如附图 16 所示,点击"确认"按钮后,如附图 17 所示。

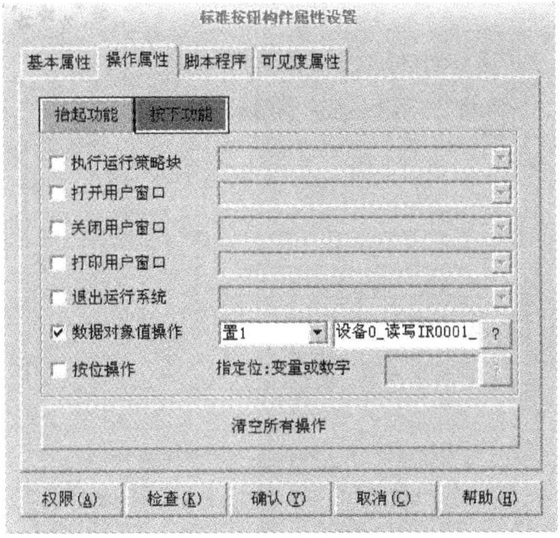

附图 12　标准按钮构件属性设置(1)

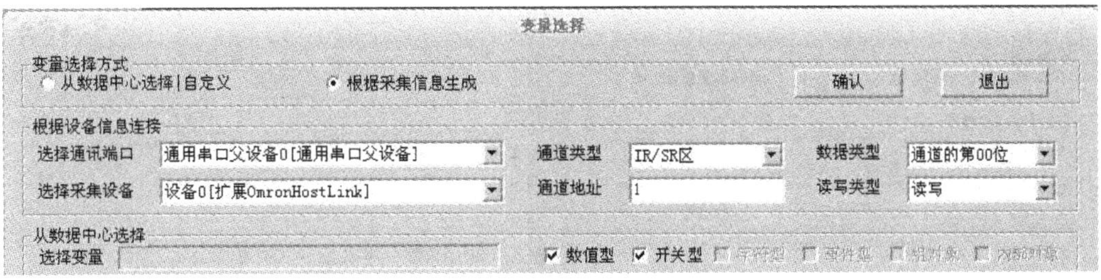

附图 13　变量选择

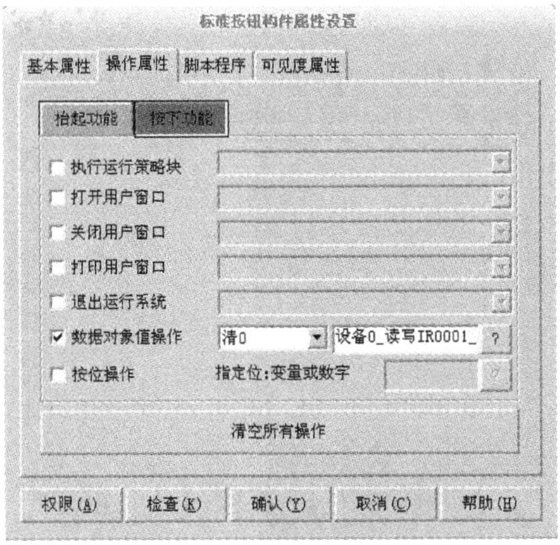

附图 14　标准按钮构件属性设置(2)

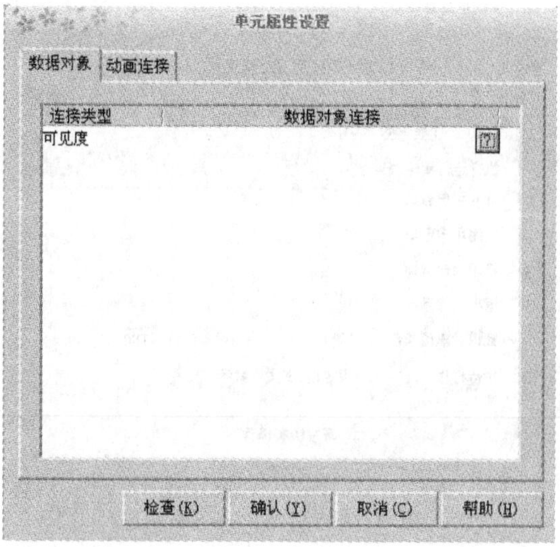

附图 15 "单元属性设备"对话框

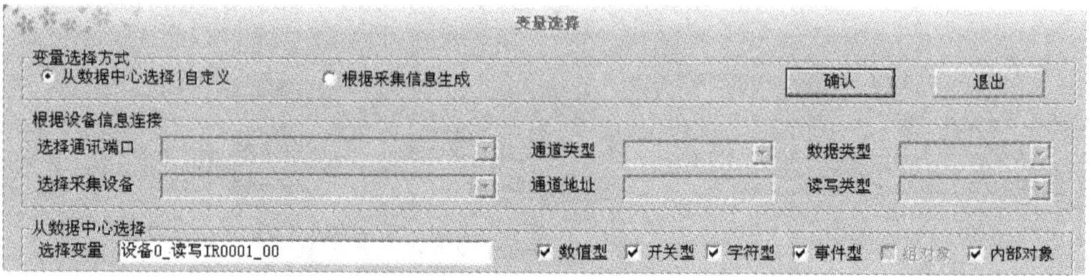

附图 16 变量选择窗口

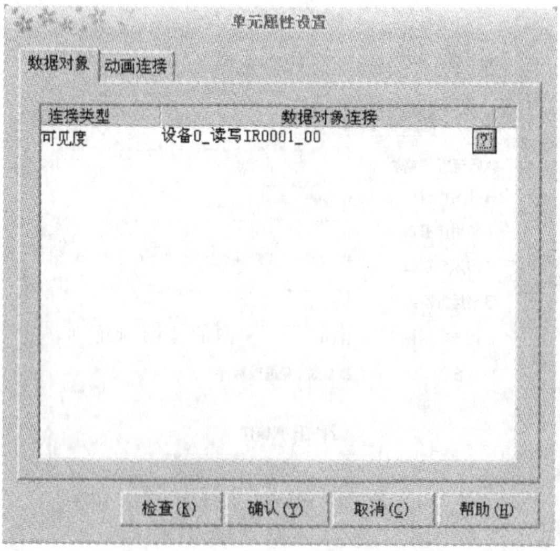

附图 17 已添加数据对象

三、工程下载

用普通的 USB 线即可,一端为扁平接口,插到电脑的 USB 口,一端为微型接口,插到 TPC 端的 USB2 口,如附图 18 所示。

附图18 USB 线

点击工具条中的 ![]按钮,进行下载配置,如附图 19 所示。选择"连机运行",连接方式选择"USB 通讯",然后点击"通讯测试"按扭,通讯测试正常后,点击"工程下载"。

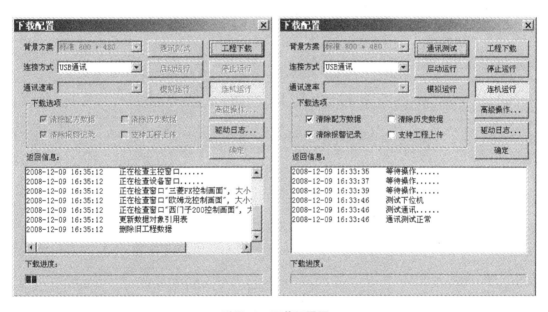

附图19 下载配置图

也可在上位机上模拟运行,选择"模拟运行",点击"工程下载",下载完成后,点击"启动运行",可在 ![MCGSE模拟环境] 环境中仿真运行。

参 考 文 献

[1] 王兆明,王治刚.可编程控制器原理、应用与实训[M].北京:机械工业出版社,2008.

[2] 樊金荣.欧姆龙 CJ1 系列 PLC 原理与应用[M]. 北京:机械工业出版社, 2009.

[3] 宋伯生.PLC 编程理论·算法及技巧[M].北京:机械工业出版社,2006.

[4] 台湾欧姆龙股份有限公司,FA PLAZA 编著小组.OMRON PLC 开发入门与应用实务[M].北京:科学出版社,2011.